前　言

水是维系生命的三大要素之一，是生命之源，是人类生命新陈代谢必不可少的物质。然而，地球上淡水资源量少，仅占地球总水量的 2.53%，且大部分淡水又以冰雪的形式封存于南北极，致使能被人类所利用的淡水资源量很有限。低氘水（deuterium depleted water，DDW）指水分子中氘含量较低的水，被称为轻氢分子水或超轻水，从获取方式上可以分为天然低氘水和人工低氘水。在自然界中，冰雪融水因其水分子中氘的含量远低于普通的水分子，因此被称为天然低氘水。

近年来，随着人类生产活动的发展和科学技术水平的提高，低氘水的研究和利用得到迅速发展。由于低氘水研究发展较晚，目前对低氘水的研究进展和未来趋势了解不够，对低氘水概念等专业知识结构存在缺陷，对低氘水是“生命之水”缺乏足够的认识。这不利于低氘水领域的深入发展，不利于科学知识普及，不利于科技进步带动社会经济的快速发展。应低氘水市场及企业发展需求，急需编写出版低氘水专业性书籍，以满足现今及未来发展。《低氘水》这本书，顺应这一发展需求，对低氘水做了一个较为全面的介绍，为更好地把握新机遇，迎接新挑战、新需求，依靠科技创新，逐步推进低氘饮用水发展，为低氘水科学发展和社会经济效应做出贡献。

本书以低氘水为主题，内容涉及低氘水的概念、低氘水的特点、天然低氘水的分布、人工低氘水的制备、国内外研究进展、低氘水研究文献检索及开发利用情况等，对低氘水进行了较为系统的论述。本书共分为 4 章：第 1 章为低氘水的相关概念，系统阐述了低氘水的相关基本概念和特点；

第 2 章为天然低氘水的分布，主要阐述了天然低氘水的世界分布和中国分布，并阐明了影响天然低氘水形成和分布的主要因素；第 3 章为低氘水测定和开发利用，阐述低氘水测定流程、人工低氘水制备方法以及低氘水的开发及应用情况；第 4 章为低氘水的研究，通过文献检索，梳理国内外低氘水研究论文，整理出目前低氘水研究的主要研究成果；通过文献综述、实地调研，梳理国内外低氘水研究利用现状以及存在的问题。本书可供地理、水文、生态、环境和区域经济社会可持续发展等领域的有关科研人员、技术人员、大专院校相关专业师生使用和参考，也可供在医学、经济、社会、人文等领域和部门工作的同仁参考和使用。另外，在低氘水市场开发利用等方面，本书可以为低氘水相关企业提供参考。

目前，系统阐述低氘水的书籍较少，由于我们是第一次组织编撰《低氘水》，经验不足，学识有限，加上涉及的学科较多，学科发展迅速，不免存在不当或疏漏之处，敬请读者批评指正。本书的成功编撰，离不开国内外低氘水研究人员的努力和付出，在此由衷地表示感谢。感谢中国科学院西北生态环境资源研究院冰冻圈科学国家重点实验室及新疆天山冰川国家野外科学观测研究站、西北师范大学地理与环境科学学院和甘肃省绿洲资源环境与可持续发展重点实验室科研人员对本书编撰工作的辛苦付出。此外，也感谢中共阿勒泰地区委员会宣传部对本书撰写工作的大力支持。

编　者

2021 年 12 月

低氘水

王飞腾◎主　编
李忠勤　郭德勇◎副主编

气象出版社
China Meteorological Press

内容简介

本书系统地介绍了低氘水的基本概念、天然低氘水的分布、低氘水的测定和开发利用，以及目前国内外关于低氘水的最新研究进展等内容。本书可供低氘水生产企业，以及地理、水文、生态、环境和区域经济社会可持续发展等领域的有关科研人员和技术人员、大专院校相关专业师生使用和参考，也可供在医学、经济、社会、人文等领域和部门工作的人员参考和使用。

图书在版编目（CIP）数据

低氘水 / 王飞腾主编. -- 北京 : 气象出版社，2022.3（2024.3 重印）
ISBN 978-7-5029-7669-9

Ⅰ. ①低… Ⅱ. ①王… Ⅲ. ①水一普及读物 Ⅳ. ①P33-49

中国版本图书馆CIP数据核字(2022)第032131号

低氘水
Didao Shui

主编：王飞腾　副主编：李忠勤　郭德勇

出版发行：气象出版社
地　　址：北京市海淀区中关村南大街 46 号　　邮政编码：100081
电　　话：010-68407112（总编室）　010-68408042（发行部）
网　　址：http://www.qxcbs.com　　E-mail：qxcbs@cma.gov.cn
责任编辑：万　峰　　终　　审：吴晓鹏
责任校对：张硕杰　　责任技编：赵相宁
封面设计：楠竹文化
印　　刷：北京地大彩印有限公司
开　　本：710 mm×1000 mm　1/16　　印　　张：7.75
字　　数：200 千字
版　　次：2022 年 3 月第 1 版　　印　　次：2024 年 3 月第 3 次印刷
定　　价：56.00 元

本书编委会

主　　编：王飞腾

副 主 编：李忠勤　郭德勇

编　　委：毕研群　瞿德业　刘爽爽　岳晓英

王圣杰　王　林　王立伟　胥执强

刘　波　赵彦伟　耿　建　黎　芸

李圆圆　孟富强　荆海亮

目 录

低氚水

第1章

低氚水的相关概念

1.1 水的相关概念

水是地球表面分布最广和最重要的物质，并作为最活跃的因素始终参与地球地理环境的形成过程，在所有自然地理过程中都不可或缺。地球拥有由大量水体组成的水圈，使得地球的发展有别于太阳系其他行星（伍光和 等，2008）。正是因为水的存在，使得我们星球的地理环境变得丰富多彩，充满生机。

1.1.1 水的定义

水是一种无机物，其在自然界常温常压下为无色无味的透明液体。水是地球上最常见的物质之一，是包括人类在内所有生命生存的重要资源，也是生物体最重要的组成部分，被称为生命的源泉，是维持生命的重要物质。

在地球上，人类直接或间接利用的水是自然资源的重要组成部分。根据世界气象组织（world meteorological organization，WMO）和联合国教科文组织（united nations educational，scietific and cultural organization，UNESCO）发布的《国际水文学名词术语》，定义水资源是“作为资源的水应当是可供利用或可能被利用，具有足够数量和可用质量，并且可适合对某地为对水资源需求而能长期供应的水源”。天然水资源包括河川径流、地下水、湖泊水、沼泽水、海水、积雪和冰川；按水质可划分为淡水和咸水。随着科学技术的发展，被人类所利用的水增多，例如海水淡化、人工催化降水、南极大陆冰的利用等。与其他自然资源不同，水资源是可再生资源，可以重复多次使用。

1.1.2 水的作用

水是除大气、土壤和生物界之外，人类生存的四大自然要素之一。人的生命一刻也离不开水，水不仅是维持人体健康的重要营养物质，也是人体内各种物质化学反应、物质转运及能量交换的重要媒介。

水对人体健康起着重要的作用，是人体的主要组成材料，约占人体体重的2/3，并且水在人体内发挥着重要的生理功能，是人体循环系统、消化系统、呼吸系统、泌尿系统等正常工作的必要物质保障（段金叶 等，2006；宋宣芳，2008）。其主要体现在以下5个方面。

（1）促进物质代谢。水是生物体内良好的溶剂，能使体内的大部分物质溶解，对物质的消化、吸收、分泌与排泄等生理过程有重要的作用。物质代谢的本质就是生物体内所发生的一系列复杂的、相互联系的生化反应过程，这些过程主要是在有水的环境中进行。有许多代谢反应还需要水的直接参与，如水解反应、加水反应和加水脱氢反应等。

（2）运输物质。水不仅是良好的溶剂，而且黏度小，易流动，有利于运输营养物质和代谢产物。即使是某些不溶于水的物质（如脂类），也能与亲水性的蛋白质分子结合而分散于水中，通过血液循环被输送至身体各个部位。

（3）调节体温。摄入体内的碳水化合物、脂肪和蛋白质，只有在水的作用下，利用氧气，才能代谢分解，释放热量，保持体温。再者，水的比热较大，温度升高或降低时比同量固体或其他液体所需要或释放的热量多，进而促使人体的温度保持稳定。水的流动性也大，导热性强，经血液循环能使物质代谢产生的热量在体内迅速而均匀地分布。水的这些特性使其成为人体良好的体温调节剂。

（4）润滑作用。水是良好的润滑剂，如泪液可防止眼球干燥，有利于眼球转动；唾液有利于食物吞咽和咽部湿润；关节腔的滑液有利于关节的滑动；胸腔和腹腔浆液、呼吸道和消化道的黏液均有利于呼吸和消化功能的发挥，减少摩擦。

（5）维持组织的形态与功能。体内的水除了以自由水的形式分布在体液之中，另有一部分水是以结合水的形式存在，即与蛋白质、核酸和蛋白多糖等物质结合。结合水与自由水有很大的不同，它参与构成细胞的原生质，维持组织器官的特殊形态、硬度和弹性，并保证某些特殊生理功能的发挥。

1.1.3 水的分布

地球上除了存在于各种矿物中的化合水、结合水以及岩石圈深部封存的水分外，海洋、河流、湖泊、地下水、大气水分和冰雪共同构成地球的水圈。其中，海洋是水圈的主体，面积约占地球表面积的 71%，水量占全球水量的 96.54%；陆地水虽然相对少的多，但仍然是自然地理环境重要的组成部分。此外，地球上的水从来不是静止不动的，而是不断通过运动和相变从一个圈层转向另一个圈层，或从一个空间转向另一个空间。

地球上各种形式的水资源总量约为 13.86×10^8 km^3，分布在海洋、冰盖及冰川、积雪、地下含水层、多年冻土层、湖泊、土壤、大气、沼泽、河流以及生物体中，其中淡水总量约占水资源总量的 2.53%，而以冻结形式存在的淡水约占地球总淡水量的 69.56%（表 1.1）。全球淡水资源相对较少，且大部分以固态冰雪的水体形式分布在南北极，很难被利用，造成全球可以利用的冰川淡水资源少之又少。

表 1.1　世界水资源对比

水体类型	储量（10^3 km^3）	占总水资源比例（%）	占总淡水比例（%）
1. 地球总水资源量	1386000.00	100	—
2. 海洋	1338000.00	96.54	—
地下水、湖泊（咸水）	12955.40	0.946	—
3. 地球总淡水量	35029.11	2.5273	100
冰盖	23801.75	1.7173	67.948
山地冰川	100.39	0.0072	0.287
积雪	161.86	0.0117	0.462
地下水（淡水）	10530.00	0.7597	30.061
冻土（地下冰）	300.00	0.0216	0.856
淡水湖	91.00	0.0066	0.26
土壤含水量（淡水）	16.50	0.0012	0.047
大气水	12.90	0.0009	0.037
沼泽水	11.47	0.0008	0.033
河流	2.12	0.0002	0.006
生物体内的水	1.12	0.0001	0.003

资料来源：丁永建（2017）

1.1.4　水资源现状

资源与环境是 21 世纪以来人们最关注的问题之一，其中水资源是人类各种资源中最不可或缺、无法替代的资源之一。地球上水资源总量巨大，但绝大部分水资源集中在海洋，其资源量占全球总水资源量的 96.54%，况且海水盐度高，既不能作为饮用水直接利用，也不能直接用于工农业生产。地球上淡水资源量少，仅占地球总水量的 2.53%，且大部分淡水又以固态冰雪的形式封存于南北极，致使能被人类所利用的淡水资源量很有限，人类真正能够利用的淡水资源只是江、河、湖、泊和地下水中的一部分。

此外，水环境污染是另一个非常严峻的水资源问题。随着经济社会的发展、城市化进程的加快，排放到环境中的工业废水、生活污水、农田用水日益增多，大量含有各种污染物的水进入天然水体，造成中国主要地表水源地氮（N）、磷（P）及有机物污染严重，富营养化问题突出，水环境质量急剧恶化（Jiang，2009；Liu et al.，2012）。通过采集我国重点流域饮用水水源样品，分析了包括重金属、挥发性有机物、半挥发性有机物、农药类等 76 个项目的污染水平，结果表明，当前我国地表水型和地下水型饮用水水源，锑、钡、镍、三氯乙醛、甲醛和丙烯酰胺等有毒有害物存在超标现象，且饮用水水源中普遍检测出国内外高度关注的部分新型污染物，此外，藻毒素已成为我国湖库型饮用水水源的常见污染物。另外，自来水加氯消毒会产生消毒副产物，威胁饮用水安全，且水源有机物污染越严重，消毒副产物的产生潜能越高，对饮用人群的威胁越大（Liu et al.，2020；Qiao et al.，2021）。

水环境的逐步恶化，一方面，对人类身体健康和工农业利用带来不利影响；另一方面，水资源被污染，使得原本可利用的水资源失去利用价值，可利用的水资源量越来越少，造成水质性缺水，加剧水资源短缺。尽管水资源是可再生资源，但并非取之不尽用之不竭，受世界人口增长、人类对自然资源的过度开发、基础设施建设投入不足等因素影响，水资源供应可能会成为制约经济和社会发展的重要因素。

1.2　水的化学组成

水的性质来自水本身的特殊结构，其由两个氢原子和一个氧原子共价结合，形成了氧原子在两个氢原子之间、呈三角形排列的特殊结构，两个氢原子和中心氧原子的键角为 104.5°（图 1.1）。在氧原子的另一面、相对于两个氢原子的相反方向，存在着两个带负电的电子云，它们吸引着另外水分子的氢核而形成氢键（图 1.2），这是水之所以具有特殊性质的关键。

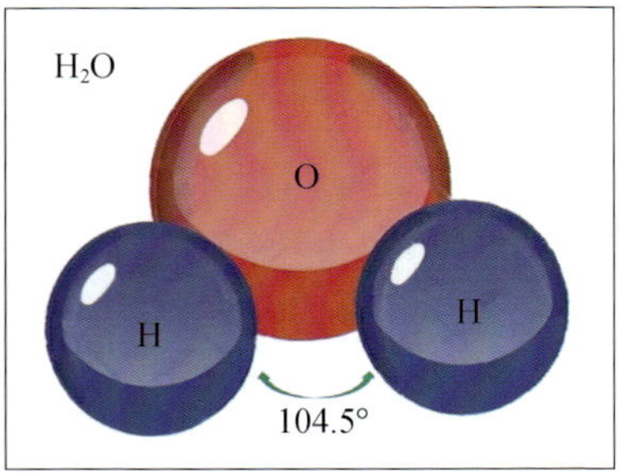

图 1.1　水分子结构

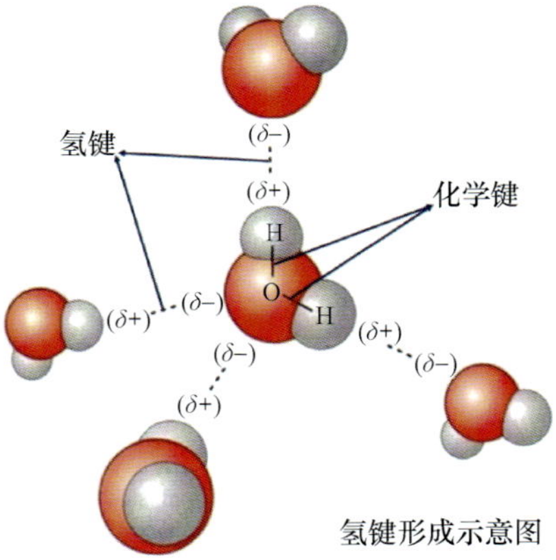

图 1.2　氢键形成示意图

水分子的化学式是 H_2O，其中 H 有 3 种天然同位素 ^1H（氕或 H）、^2H（氘或 D）、^3H（氚或 T），在水中的丰度分别为 99.98%、0.016% 和 0.004%；氧有 3 种天然同位素 ^{16}O、^{17}O、^{18}O，在水中的丰度分别为 99.76%、0.04% 和 0.20%。这些天然同位素在理论上可组成 18 种同位素水分子（如表 1.2）。

但是，实际上含有氚的水分子含量极低，只有 $n \times 10^{-16}\%$，所以没有实际意义，一般只考虑表中上部 9 种同位素水分子（顾慰祖 等，2011）。

表 1.2 同位素水分子

水同位素组合	^{16}O	^{17}O	^{18}O
HH	$H^{16}OH$	$H^{17}OH$	$H^{18}OH$
HD	$H^{16}OD$	$H^{17}OD$	$H^{18}OD$
DD	$D^{16}OD$	$D^{17}OD$	$D^{18}OD$
HT	$H^{16}OT$	$H^{17}OT$	$H^{18}OT$
DT	$D^{16}OT$	$D^{17}OT$	$D^{18}OT$
TT	$T^{16}OT$	$T^{17}OT$	$T^{18}OT$

1.2.1 同位素的基本概念

对于原子核组成的描述，可以使用核中的核子数来表示，即质子的个数 Z（亦即元素的原子序数）和中子的个数 N。质子和中子的总数定义为该原子的质量数（mass number）A。则原子核组成的表达式为：

$$A=Z+N \tag{1.1}$$

由此导出以下符号用以标识某元素 X 的一个具有特定质子数目 Z 和中子数目 N 的原子，即

$$^{A}_{Z}X_{N} \tag{1.2}$$

这样特定原子核的原子称为核素（nuclide）。例如，核素 $^{14}_{6}C_{8}$，即是具有 6 个质子、8 个中子，核子总数即原子质量数为 14 的碳原子。实际上有了元素符号 X 后，其原子序数已经肯定，不一定必需再标出 Z，因此通常将式（1.2）简化为式（1.3）。

$$^{A}_{Z}X \text{ 或 } {}^{A}X \tag{1.3}$$

例如，$^{14}_{6}C_8$ 一般标为 ^{14}C，其中子数可根据式（1.1）推算。

同位素就是一种元素存在着质子数相同而中子数不同的同一元素的不同核素。对于特定的元素来说，质子数是固定的，因此可以只用质量数来区分同位素。由于质子数相同，所以它们的核电荷和核外电子数都是相同的（质子数=核电荷数=核外电子数），并具有相同电子层结构。同位素依据是否具有放射性又分为两大类：稳定同位素（stable isotope）和放射性同位素（radioactive isotope）。稳定同位素指核素中不具有放射性的同位素。其实稳定是相对概念，实际上现有的稳定同位素只是迄今尚未发现其有自发衰变现象的同位素。放射性同位素指核素中具有放射性的同位素，即能够自发地放射出粒子，发生衰变而变为另一种同位素的即是放射性同位素。前面提到的氧的 3 种天然同位素 ^{16}O、^{17}O、^{18}O 都是稳定同位素，此外氧还有其他放射性同位素，但在自然界中的含量很小。稳定同位素之间虽然没有明显的化学性质差别，但由于它们的中子数不同，原子质量不同，涉及原子核的某些物理性质也有所不同。一般来说，质子数为偶数的元素，可有较多的稳定同位素，而且通常不少于 3 种，而质子数为奇数的元素，一般只有一个稳定核素，其稳定同位素不会多于两个，这是由核子的结合能决定的。同位素的发现，使人们对原子结构的认识更深一步，这不仅使元素概念有了新的含义，而且使相对原子质量的基准也发生了重大的变革，再一次证明了决定元素化学性质的是质子数（核电荷数），而不是原子质量数。

1.2.2 氢元素的同位素

人体内每天会发生无数次化学反应，氢键作为最普遍的化学键，几乎参与了生命体内所有的反应和构成。同时，生命最基本的遗传物质 DNA 是通过氢键而形成双螺旋结构，可以说没有氢键就没有 DNA 双链，也就没有高等生物。况且，成年人体内水分约占其体重的 2/3，水可以说是人的生命之源，水中氢元素至关重要。

氢有 7 种已知同位素（^1H–^7H），在自然界中有 3 种天然同位素（图 1.3）。由于氚是放射性元素，半衰期为 12.5 a，在自然水体中很难长期存在，因此氢在自然界中的稳定同位素仅有 2 种。另外 4 种同位素（^4H–^7H）都非常不稳定，自然状态下不存在，只在实验室制造出来过，且半衰期都很短。

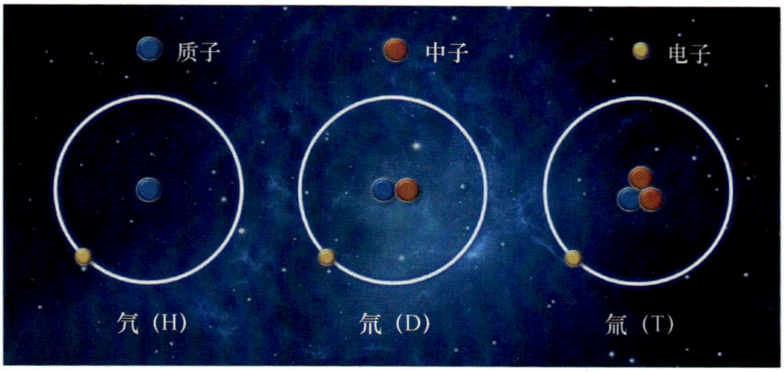

图 1.3　氢同位素示意图

氕 <piē>：符号一般为 H 或 ^1H，质量数为 1，其原子是由一个质子和一个电子组成，氕是氢的主要稳定同位素，天然丰度约为 99.98%。按照原子百分数计，氕是宇宙中最多的元素之一，在地球上其含量仅次于氧。氕主要存在于水及各种碳氢化合物中，其在空气中的含量仅为 5×10^{-5}%。在常温下，它是无色无臭的气体，其在标准状态下的密度为 0.08987 $g \cdot cm^{-3}$。液氕的沸点为 –252.8℃，固态氕的熔点为 –259.2℃。在气体中，氕的导热系数最大。氕微溶于水和有机溶剂，易溶于金属钯中，其在高温下能透过钢等材料。氕的制法主要是低（贫）氘水电解和液氢精馏。用天然水电解、甲烷裂解和水煤气法等获得的氢，其主要成分也是氕。

氘 <dāo>：也被称为重氢，符号一般为 D 或 ^{2}H，质量数 2，其原子是由一个质子、一个中子和一个电子组成，其天然丰度为 0.016%。氘的原子量为氕的 2 倍，少量存在于天然水中，可用于核反应，并在化学和生物学的研究工作中作为示踪物。氘在常温常压下为无色无臭无毒可燃性气体，因其质量相对较大，反应速度相对较慢。

氚 <chuān>：也被称为超重氢，符号一般为 T 或 ^{3}H，质量数 3，其原子是由一个质子、两个中子和一个电子组成，其天然丰度为 0.004%。氚的原子量为氕的 3 倍，氚具有放射性，半衰期 12.5 a，蜕变时放出 β 射线后形成质量数为 3 的氦。自然界中氚存在量极微，从核反应制得，主要用于热核反应。

1.2.3 氘对生物机体的作用机理

由于氘和氕的质量数相差约 1 倍，当 H_2O 中的 H 被 D 取代后，虽然仍是无色、无臭、无味的液体，但其密度增大，熔点、沸点增高，电离度、黏度、离子迁移率等理化性质发生显著变化（Tajkhorshid et al.，2002）。

氘作为氢元素的一种稳定同位素，也参与生物机体内的反应，主要通过生物遗传基因作用和生物活性作用来影响生物机体。氕与氘的原子结构不同，两者形成的氢键能量存在差异，氘形成的氢键（C—D 键）键能要比氕键（C—H 键）大。

脱氧核糖核酸（deoxyribonucleic acid，DNA）和核糖核酸（ribonucleic acid，RNA）是生物的遗传物质，在 DNA 和 RNA 的螺旋结构中，多核苷酸之间由氢键连接（图 1.4）。环境中一定浓度的氘能置换生物体内的氕并蓄积下来，C—D 键比 C—H 键牢固不易断裂，且高浓度的氘能抑制生物酶破坏氢键的能力，损伤 DNA 修复酶，并在 DNA 螺旋结构中产生附加应力，造成双螺旋的错配、断裂、替换，使核糖核酸排列混乱，甚至重新合成，影响遗传因子机能，出现突变、恶性肿瘤（Sailer et al.，1997）。有研究表明，随着生物体内氘浓度的增加，氢键间交联发生改变，从而使细胞质刚性显著增强，细胞有丝分裂受阻滞（Lamprecht et al.，1991；Rowning et al.，1997）。

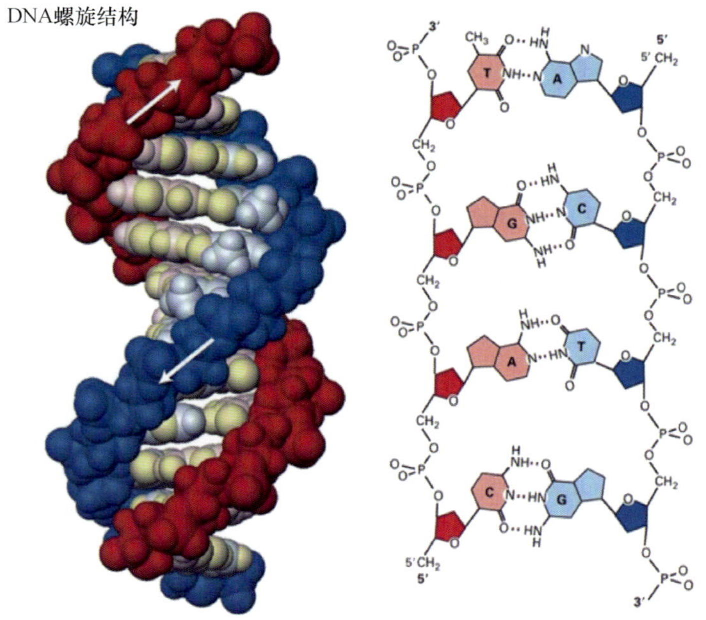

图 1.4　遗传物质螺旋结构示意图

氢键还参与整个蛋白质的合成过程，由于在各种酶—催化剂参加合成的过程中，氘改变着各种生物反应的平衡、顺序，降低了反应速度，在酶水平上扰乱蛋白质的合成。氢键作为有机分子结构的基础，键能的差异影响分子的活性（Wang et al.，2013；Lisicin et al.，2014）。

1.3 低氘水的基本概念

关于低氘水的概念，目前在科学界还没有统一定义，通常认为水中氘含量比标准值低 60‰ 的水为低氘水，这里的 60‰ 用所测样品与标准大洋水样的比值来表示。2019 年，中国天然矿泉水产业联盟发布了冰川矿泉水团体标准，规定其氘含量特征指标应小于 –60‰。

从获取方式上，低氘水可以分为天然低氘水和人工低氘水。天然低氘水是指在自然过程中，由于水汽中同位素的分馏作用，使得分布在高纬度和高海拔地区的降水和冰雪融水中氘含量比标准值低。人工低氘水是指通过人工方法降低普通水中氘的含量，使其变成氘含量比标准值低的低氘水。

1.3.1 氘含量表示方法

地球上自然水体中的氘含量主要是由海洋水以及陆地水的蒸发以及降水决定的，并伴随着水循环的改造，从而存在时空分布上的差异。δ 表示法是最常用的同位素表示法，即元素的重同位素与轻同位素的比值 R 与某种特定的标准物相应比值 R_r 之相对差值（顾慰祖 等，2011）。衡量水中 ^{18}O 和 D 的含量通常用 $\delta^{18}O$ 和 δD 来表示，其公式如下：

$$\delta^{18}O = \left[\frac{(^{18}O/^{16}O)_S}{(^{18}O/^{16}O)_{SMOW}} - 1 \right] \times 1000‰ \tag{1.4}$$

$$\delta D = \left[\frac{(D/H)_S}{(D/H)_{SMOW}} - 1 \right] \times 1000‰ \tag{1.5}$$

式中，$(^{18}O/^{16}O)_S$ 和 $(D/H)_S$ 分别为样品中 ^{18}O 和 ^{16}O 的比值和 D 对 H 的比值，$(^{18}O/^{16}O)_{SMOW}$ 和 $(D/H)_{SMOW}$ 为标准平均大洋水（SMOW）中 ^{18}O 对

^{16}O 的比值和 D 对 H 的比值。$\delta>0$ 表示样品中所含的重同位素比标准物中的重同位素丰富，$\delta<0$ 表示样品中所含的重同位素比标准物中的重同位素稀缺。

除 δ 表示法以外，有时也直接采用质量浓度来表示。如果质子数为 n 的元素共有 2 种同位素 X 和 *X，则其稀有同位素 *X 的浓度 C 与比率 R 之间的关系为：

$$C=\frac{[^{*}X]}{[X]+[^{*}X]}=\frac{\frac{[^{*}X]}{X}}{\frac{1+[^{*}X]}{[X]}}=\frac{R}{1+R} \tag{1.6}$$

综合前述 δ 与 R 的关系以及同位素浓度 C 与 R 的关系，可得同位素浓度 C 和 δ 的转换公式为：

$$\begin{aligned}\delta&=\frac{R_A-R_r}{R_r}=R_A\times\frac{1}{R_r}-1\\&=\frac{[^{*}X]}{[X]}\times\frac{1}{R_r}-1\\&=\frac{[^{*}X]}{[X]+[^{*}X]-[^{*}X]}\times\frac{1}{R_r}-1\\&=\frac{\frac{[^{*}X]}{[X]+[^{*}X]}}{\frac{([X]+[^{*}X])-[^{*}X]}{[X]+[^{*}X]}}\times\frac{1}{R_r}-1\\&=\frac{\frac{[^{*}X]}{[X]+[^{*}X]}}{1-\frac{[^{*}X]}{[X]+[^{*}X]}}\times\frac{1}{R_r}-1\\&=\frac{C}{1-C}\times\frac{1}{R_r}-1\end{aligned} \tag{1.7}$$

这里的质量浓度 C 常采用 ppm 表示，即溶质质量占全部溶液质量的百万分比来表示的浓度，也称百万分比浓度。

1.3.2 天然低氘水的形成原理

由于轻水（H_2O）、半重水（HDO）、重水（D_2O）的物理性质差异，自然界中水循环过程对其具有一定的分离能力。天然低氘水的形成遵循瑞利分馏（Rayleigh fractionation）原理。瑞利分馏是指在开放体系中，反应生成的产物一旦形成后，马上就从系统中分离开，从而实现同位素分馏效应的过程。海洋是地球上水汽的主要来源，水从海洋表面蒸发时，较轻的 ^{16}O 和氕（H）构成的水分子易于离开水面进入大气；当海洋气团向高纬或内陆移动时，水汽中重同位素 ^{18}O 和氘（D）构成的水分子，随着降水的发生又优先降落而离开气团，其剩余水汽中的 $\delta^{18}O$ 或 δD 就变得越来越偏负（如图 1.5）。除了水汽的输送过程外，水汽在蒸发和凝结过程中的气象要素也会影响降水中同位素的时空分布，本书在第 2 章中还将进一步阐述。

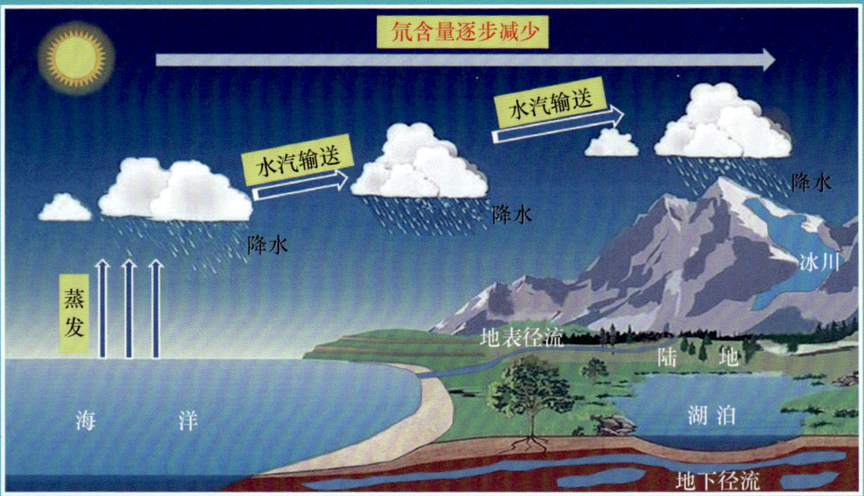

图 1.5 水汽中氘含量的海陆传输

1.4 天然低氘水的特点

冰川是指地球上由降雪和其他固态降水积累、演化形成的处于流动状态的冰体（秦大河 等，2016）（图 1.6）。冰川是极地气候和高山气候的产物，温度、降水和地形是冰川形成发育的 3 个必要条件。冰川水是天然低氘水，这是因为冰川多分布于高纬度和高海拔地区，其水中氘含量相对较低（一般介于 –60‰~–140‰）。因此，这里通过阐述冰川水（冰雪融水）特点来诠释天然低氘水的特点（图 1.6）。

冰川水有以下三大特点：纯净无污染、低钠（低矿化度）和低氘。

（1）纯净无污染。从理论上讲，冰川形成年代久远，如山地冰川冰龄在几百年至几万年，极地冰盖冰龄在 80 万年，几乎没有现代工业和人为污染，再加上冰川是在寒冷低温条件下形成的，较低温度的冰川冰中细菌和病毒一般难以生存。通过冰川水污染物含量分析，发现冰川水中酚类化合物、汞、氰化物、铅、砷、氟化物等污染物指标远低于限量标准，冰川水中有害物质含量极低，尤其是无放射性元素污染，是优良的水资源。

图 1.6　冰川融水（王飞腾 拍摄）

（2）低钠（低矿化度）。一般来说，冰川水中钠的含量偏低。钠离子是维系机体正常生理功能和内环境稳态必需的组成成分之一，主要通过饮食途径摄入，绝大多数经肾脏途径排泄（Stigler et al.，2013）。近几十年来，随着生活水平的提高，人们饮食习惯和结构也随之发生变化，钠盐摄入量偏高，超量钠盐的摄入与高血压、脑卒中、心血管疾病和肥胖等均有密切关系（O'donnell et al.，2012）。而日常饮用水因水源杀菌消毒使用漂白粉或次氯酸钠及钾类药物，也可能引入更多的钠。

（3）低氘。依据天然低氘水的形成原理，纬度效应和高度效应使得冰雪融水中氘含量相对较低，是经过自然分馏作用得到的天然低氘水。另外，一般来说冰雪融水中氘含量季节变化和年际变化相对较小，氘含量较为稳定。

低氘水

第 2 章

天然低氘水的分布

天然低氘水的形成与水自身性状、水汽源区状况以及降水等条件有关。海洋是地球上水汽的主要来源，当海洋水气团移动时，水汽中的重同位素先析出，并随着降水的发生而离开气团，因此气团移动越远，水汽中的氘含量越低。除了水汽源区因素影响外，水汽凝结时的气象条件也是影响氘含量的一个重要因素。一般来说，在自然水体中，中高纬度地区和高海拔地区的水体氘含量相对较低。本章首先从天然低氘水分布的控制因素开篇，然后阐述自然界中低氘水的分布情况，按全球、半球、中国的顺序依次展开，最后介绍城市饮用水氘含量的空间分布规律。

2.1　天然低氘水分布的影响因素

降水中几乎所有水分子都起源于海洋，并且最终通过水循环再度返回海洋。水汽平均滞留时间跨度极广，在大气层为几天至几个月，在大陆和海洋为几年，几百年至几千年，在南极洲达数十万年。源区的位置、水汽输送以及源区的蒸发作为水循环过程中的重要环节，强烈影响降水中稳定同位素的组成，进而影响天然低氘水的分布。在不同的水汽源区，其相对湿度等蒸发条件有差异，使得蒸发出来的水汽氢氧稳定同位素组成具有一定的区域特点。局限海和开阔海，不同纬度海域或者同一海域在不同时间里，都可能具有不同的蒸发条件，源区的蒸发强度决定水汽的同位素组成（顾慰祖 等，2011）。章新平等（2004）对亚洲降水中 $\delta^{18}O$ 沿不同水汽输送路径的变化进行了研究，发现新加坡降水中的氢氧稳定同位素值较低，并将其归因于西太平洋或南海蒸发的水汽来源影响；而在科伦坡和孟买降水氢氧稳定同位素值高于新加坡，认为主要受较高降水稳定同位素值的阿拉伯海或孟加拉湾水汽来源影响。

在水汽输送过程中，随着气团的逐渐冷却和冷凝过程中的平衡分馏，

导致降水中 δD 或 $\delta^{18}O$ 在远离水汽来源的区域形成降水。凝结降水的不断产生，水汽中重稳定同位素优先凝结，使得剩余水汽以及随后降水中氚同位素逐渐降低（Dansgaard，1964）。在这样的背景下，全球降水 δD 和 $\delta^{18}O$ 的空间分布表现为从中低纬度到两极的减少（纬度效应）和高海拔地区较低（高度效应）以及从沿海地区到大陆内部的减少（大陆效应）。这一规律得到了包括全球降水同位素网络（GNIP）在内的大量实测资料证实，基于这些实测资料可以进一步增强对同位素空间分布的认识（Bowen et al.，2003；Dansgaard，1964；Rozanski et al.，1993；Terzer et al.，2013）。从全球降水同位素空间分布来看，温度是影响天然低氚水分布的关键因素，温度越低，水汽输送过程中冷凝越快，同位素分馏越大，氚含量越少，这种温度与同位素值的正相关关系也被称为温度效应。纬度效应、高度效应和大陆效应本质上均受温度效应控制，全球水循环包括海洋蒸发和水汽输送、冷凝过程，沿着水汽输送路径，离海岸越远，纬度、高度越高，温度越低，此时温度对降水稳定同位素的影响起到重要作用。

从时间尺度来看，上述温度效应并非在全球各区域广泛存在。中高纬度地区具有更明显的温度效应，尤其在南北两极表现显著，这也使得通过冰芯同位素恢复古气温成为可能（Dansgaard，1953，1964；章新平 等，1995），即冰芯中同位素值较高的层位对应着温度较高的时段，而同位素值较低的层位则当时降水形成时的温度较低。除南北两极外，中高纬度的很多地区也都被证实存在显著的温度效应。如 Rozanski 等（1993）根据全球降水同位素网络（GNIP）中欧洲站点多年观测资料，得到年平均 $\delta^{18}O$ 和年平均温度之间的线性正相关关系；章新平等（2003）对北半球 12 个取样站年加权平均 $\delta^{18}O$ 与年均温度之间的相关关系进行了分析，得到中高纬度地区上空气团的冷凝温度在年际尺度上与降水中 $\delta^{18}O$ 存在一定程度的正相关关系。在一些区域，不同时段的降水同位素值与降水量之间存在负相关关系，这种现象也被称为降水量效应，多出现在低纬度地区。

在中国，过去几十年开展了一系列的大气降水氢氧稳定同位素监测工作（Zhang et al.，2016），这其中既有全国尺度的监测网络（Liu et al.，2014），也包括大量的区域性监测研究（Yao et al.，2013；Li et al.，2019）。这些实测资料，使得对影响现代降水同位素因素的认识越来越深入，结合模型还可以进一步得到高空间分辨率的降水氢氧稳定同位素值分布图，也称为同位素景观图谱（isoscape）。一般来说，中国的降水同位素低值区与气温的低值区有较好的对应性，西部高原山地地区降水同位素偏低（Liu et al.，2008）。特别是在冬季，西北的阿勒泰地区等可以测得相当低的大气降水氢氧稳定同位素值，其原因在于阿勒泰地区受西风环流影响，水汽输送距离远，水汽经过六七千千米的长距离传输和自然分馏作用后，水汽乃至降水中氘同位素很低，再加上纬度高、海拔高等因素，使得冬季降水中的氘能够达到很低的水平。与之相反，在气温偏高的区域，往往降水中氢氧稳定同位素值也偏高，东部季风区的南方地区降水同位素值往往高于北方地区，而在塔里木盆地常监测到一些氘的极端高值（Liu et al.，2014；王圣杰 等，2017）。

与全球的基本规律一致，在年内变化上中国降水同位素的温度效应主要分布在中高纬度地区（章新平 等，1994；Zhang et al.，2016）。具体来说，在东部季风区，温度效应主要存在于秦岭—淮河一线以北，这些区域降水稳定同位素与温度之间普遍存在显著的正相关关系；而在秦岭—淮河一线以南，降水同位素值与气温之间则没有正相关关系，而在一些区域同降水量呈现出负相关，即降水量效应（Liu et al.，2014）。在西北干旱区，降水同位素的冬夏差异明显，普遍表现出温度效应，气温偏高的夏季对应着氢氧稳定同位素的高值，气温偏低的冬季则对应着氢氧稳定同位素的低值（Tian et al.，2007；Kong et al.，2013；Wang et al.，2017）。在青藏高寒区，北部受到西风的影响更为明显，表现出温度效应，与西北干旱区接近；在南部降水则受到季风的影响，夏季降水同位素容易出现低值，呈现出一定的降水量效应（Tian et al.，2007；Yao et al.，2013；Gao et al.，2018）。

就中国而言，水汽来源是控制上述不同区域同位素时空分异的重要原因，特别是在季风区，源区的气象条件以及输送过程对降水同位素会产生一系列的影响。近些年也有不少研究（Tang et al.，2015；Cai et al.，2018；Zhou et al.，2019），通过现代降水同位素的观测和模拟也有助于揭示冰芯、树轮等气候代用指标中的同位素信号（Rao et al.，2016；Ruan et al.，2019；Xu et al.，2021；Yu et al.，2021）。除水汽来源外，云下二次蒸发和局地水汽再循环对降水同位素的影响近年来也越来越多地受到重视，是改造降水同位素水汽来源信号的局地重要因素。云下二次蒸发，是雨滴在不饱和大气中下落时经历的蒸发过程，强烈的云下二次蒸发会使得地面降水中氢氧稳定同位素值升高，这在干旱区十分常见（Pang et al.，2011；Sun et al.，2020；Wang et al.，2021）；水汽再循环，则指的是当地的水汽重新以蒸发的形式返回到当地大气中，构成形成降水的水汽，一般会使得降水同位素值偏低（Pang et al.，2011；Wang et al.，2016；Li et al.，2019）。

2.2 天然低氘水的分布

受水汽源区以及降水区因素的影响，低氘水一般存在于高纬度或高海拔地区，越接近极地，水中的氘含量越少，这使得天然低氘水在自然界主要保存在高寒、高海拔地区的冰川和积雪中。本节从冰川和积雪的角度，对天然低氘水的分布进行介绍。

2.2.1 冰川的分布

冰川是最为稳定的低氘水源地。目前，全球山地冰川共有 168331 条，总面积为 726258.3 km^2，冰川储量达 149.3×10^4 km^3（Arendt et al.，2012）。Randolph 冰川编目（Randolph Glacier Inventory，RGI）根据气候、水文和地形（Radić et al.，2010），将全球划分为 19 个一级区域（图 2.1）。从数量来看，冰川主要集中在阿拉斯加（19.08%）、亚洲中部（17.94%）和南亚西部（13.56%）等区域，发育冰川均在 22000 条以上，总计达 85134 条，占全球冰川数量的 50.58%；冰岛冰川数量最少，仅分布 290 条冰川。面积和冰储量方面，南极及南极地区冰川面积（18.21%）和冰储量（23.28%）最大，其次是加拿大北极地区北部，冰川面积和冰储量分别占全球山地冰川总量的 14.32% 和 20.44%；新西兰和喀斯喀特冰川面积最小（表 2.1）。总体而言，北极地区（包括加拿大北极地区、格陵兰、斯瓦尔巴群岛和俄罗斯北部）冰川面积分布最多（43.59%），南极及南极地区次之（18.21%），高亚洲（16.54%，包括亚洲中部、南亚西部和南亚东部）和阿拉斯加（12.29%）再次之。

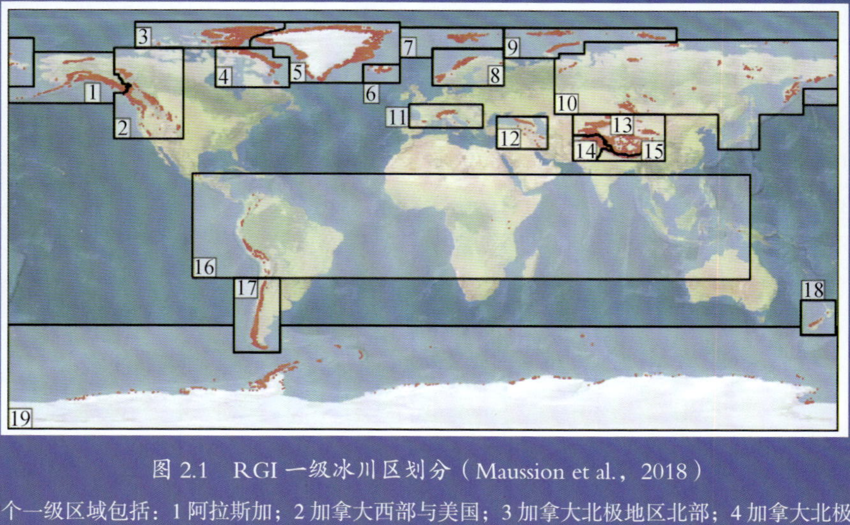

图 2.1　RGI 一级冰川区划分（Maussion et al.，2018）

19 个一级区域包括：1 阿拉斯加；2 加拿大西部与美国；3 加拿大北极地区北部；4 加拿大北极地区南部；5 格陵兰；6 冰岛；7 斯瓦尔巴群岛；8 斯堪的纳维亚；9 俄罗斯北部；10 亚洲北部；11 欧洲中部；12 喀斯喀特；13 亚洲中部；14 南亚西部；15 南亚东部；16 低纬地区；17 安第斯山南部；18 新西兰；19 南极及南极地区

北半球是全球山地冰川分布最多的地方（秦大河，2017），冰川达 143450 条，冰川面积和储量分别为 560914.5 km^2 和 109.3×10^4 km^3，冰川条数、面积和冰储量分别占全球山地冰川总量的 85.22%、77.23% 和 73.20%。高纬地区（50° 以上）冰川数量大于中低纬度地区，但冰川面积和冰储量要比中低纬地区小。如北半球高纬地区（表 2.1 中编号 1、3、4、5、6、7、8、9、10）分布有冰川 65090 条，冰川面积 423065 km^2，冰储量为 97×10^4 km^3；而中低纬度地区（表 2.1 中编号 2、11、12、13、14、15）有冰川 87360 条，多于高纬地区，但冰川面积（137849 km^2）和冰储量（12×10^4 km^3）均小于高纬地区。南半球高纬地区（表 2.1 中编号 19）分布有冰川 3274 条，冰川面积 132267.4 km^2，冰储量为 35×10^4 km^3；而中低纬度地区（表 2.1 中编号 16、17、18）有冰川 21607 条，多于高纬地区，但冰川面积（33076 km^2）和冰储量（5×10^4 km^3）均小于高纬地区。

表 2.1　全球山地冰川的分布

编号	地区名称	数量及占比		面积及占比		冰储量及占比	
		（条）	（%）	（km^2）	（%）	（10^4 km^3）	（%）
1	阿拉斯加	32112	19.08	89267	12.29	19.8288	13.28
2	加拿大西部与美国	15073	8.95	14503.5	2.00	1.0150	0.68
3	加拿大北极地区北部	3318	1.97	103990.2	14.32	30.5225	20.44
4	加拿大北极地区南部	7342	4.36	40600.7	5.59	7.0325	4.71
5	格陵兰	13880	8.25	87125.9	12.00	14.1013	9.44
6	冰岛	290	0.17	10988.6	1.51	3.5525	2.38
7	斯瓦尔巴群岛	1615	0.96	33672.9	4.64	6.9238	4.64
8	斯堪的纳维亚	1799	1.07	2833.7	0.39	0.2175	0.15
9	俄罗斯北部	331	0.20	51160.5	7.04	14.9350	10.00

续表

编号	地区名称	数量及占比		面积及占比		冰储量及占比	
		（条）	（%）	（km^2）	（%）	（10^4 km^3）	（%）
10	亚洲北部	4403	2.62	3425.6	0.47	0.1813	0.12
11	欧洲中部	3920	2.33	2058.1	0.28	0.1088	0.07
12	喀斯喀特	1339	0.80	1125.6	0.15	0.0725	0.05
13	亚洲中部	30200	17.94	64497	8.88	6.0538	4.05
14	南亚西部	22822	13.56	33862	4.66	3.2988	2.21
15	南亚东部	14006	8.32	21803.2	3.00	1.4138	0.95
16	低纬地区	2601	1.55	2554.7	0.35	0.1813	0.12
17	安第斯山南部	15994	9.50	29361.2	4.04	4.8938	3.28
18	新西兰	3012	1.79	1160.5	0.16	0.0725	0.05
19	南极及南极地区	3274	1.94	132267.4	18.21	34.9088	23.38
	全球	168331	100.00	726258.3	100.00	149.3138	100.00

资料来源：Arendt et al.，2012

从中国现代冰川分布看，中国冰川北抵中国、俄罗斯、蒙古 3 国交界的友谊峰，南至与印度、尼泊尔和不丹接壤的喜马拉雅山，西邻中国、塔吉克斯坦、吉尔吉斯斯坦交界的喀喇昆仑山与帕米尔高原，东达中国境内岷山南段的雪宝顶，冰川分布范围广阔。据中国第二次冰川编目统计，中国境内现有冰川 48571 条，总面积约为 5.18×10^4 km^2，冰川储量 4.3×10^3 ～ 4.7×10^3 km^3（刘时银 等，2015）。中国冰川主要以面积＜0.5 km^2 的冰川和面积介于 1.0 ～ 50.0 km^2 的冰川为主。冰川面积≥100.0 km^2 的冰川共 22 条，总面积达 3977.91 km^2，占全国冰川总面积的 7.68%（表 2.2）。其中面积最大的冰川为音苏盖提冰川，面积达 359.05 km^2；托木尔冰川面积仅次于音苏盖提冰川（358.25 km^2），位列第二；中峰、多峰、昆仑、玉龙、西玉龙、古里雅和弓形 7 条冰川分布在昆仑峰（海拔 7167 m）周围，成为中国最大的冰川作用区；22 条巨型冰川中，位于喀喇昆仑山的尕舍罗鲁姆冰川面积最小，为 107.38 km^2。中国典型冰川景观如图 2.2。

表 2.2　中国面积大于 100 km^2 的冰川

序号	名称	面积（km^2）	所在山系	所在流域	所在省（区）
1	音苏盖提	359.05	喀喇昆仑山	塔里木河	新疆
2	托木尔	358.25	天山	塔里木河	新疆
3	土格别里齐	282.72	天山	塔里木河	新疆
4	中峰	237.46	昆仑山	班公湖	西藏
5	多峰	236.77	昆仑山	塔里木河	新疆
6	恰青	204.36	念青唐古山	雅鲁藏布江	西藏
7	昆仑	199.09	昆仑山	塔里木河	新疆
8	木斯塔	182.54	喀喇昆仑山	塔里木河	新疆
9	雅弄	179.59	念青唐古拉山	雅鲁藏布江	西藏
10	乌库尔	167.84	天山	塔里木河	新疆
11	夏曲	167.05	念青唐古拉山	雅鲁藏布江	西藏
12	崇测	166.08	昆仑山	班公湖	西藏
13	木扎尔特	165.83	天山	塔里木河	新疆
14	琼台兰	140.95	天山	塔里木河	新疆
15	玉龙	135.00	昆仑山	塔里木河	新疆
16	那龙	122.33	念青唐古拉山	雅鲁藏布江	西藏
17	西玉龙	120.51	昆仑山	塔里木河	新疆
18	克拉亚依拉克	115.16	帕米尔	塔里木河	新疆
19	古里雅	111.37	昆仑山	班公湖	西藏
20	特拉木坎力	110.40	喀喇昆仑山	塔里木河	新疆
21	弓形	108.18	昆仑山	班公湖	西藏
22	尕舍罗鲁姆	107.38	喀喇昆仑山	塔里木河	新疆

资料来源：刘时银 等，2015

(a)

(b)

(c)

(d)

(e)

图 2.2　中国典型冰川景观

（a）阿勒泰山友谊峰 18 号冰川（王飞腾 拍摄）;（b）慕士塔格 16 号冰川（王飞腾 拍摄）;（c）萨吾尔山木斯岛冰川（王飞腾 拍摄）;（d）四工河 4 号冰川（徐春海 拍摄）;（e）慕士塔格峰冰川（徐春海 拍摄）

从冰川海拔分布来看，海拔在 4500 ～ 6500 m 的冰川分布最广泛，约占全国冰川总面积的 80% 以上，海拔 3000 m 以下受气温较高影响不利于冰川发育，7000 m 以上由于山地面积较小，冰川分布也相应较少，二者面积仅占冰川总面积的 0.35%。就各山系而言（表 2.3），中国西部 14 座山系（高原）均有冰川分布，其中昆仑山冰川数量最多（8922 条），其次是天山（7934 条）、念青唐古拉山（6860 条）、喜马拉雅山（6072 条）和喀喇昆仑山（5316 条），这 5 座山系冰川数量占全国冰川总数量的 72.3%；冰川面积和冰储量位列前三位的山系分别为昆仑山（11524.13 km^2、1106.34 ± 56.60 km^3）、念青唐古拉山（9559.20 km^2、835.30 ± 31.30 km^3）和天山（7179.77 km^2、707.95 ± 45.05 km^3），这 3 座山系冰川面积和冰储量分别占全国冰川总量的 54.6% 和 59.0%。冰川数量最少和面积最小的 3 座山系分别为穆斯套岭、阿尔泰山和阿尔金山，冰川平均规模均在 0.75 km^2 以下。其中，阿尔泰山地区是中国纬度最高、末端海拔最低的冰川分布区，是阿勒泰地区乃至北疆地区的水资源战略储备区。该区冰川分布海拔较低，对气候变化更为敏感。有学者基于区域气候模式和物质平衡模型开展的预测研究表明，在 RCP4.5 的升温情景下，面积在 5 km^2 以下的冰川将于 21 世纪末全部消失（Zhang et al.，2016）。

表 2.3　中国西部各山系（高原）冰川统计

山系（高原）	数量及占比		面积及占比		冰储量及占比	
	（条）	（%）	（km^2）	（%）	（km^3）	（%）
阿尔泰山	273	0.56	178.79	0.35	10.50 ± 0.21	0.23
穆斯套岭	12	0.02	8.96	0.02	0.40 ± 0.03	0.01
天山	7934	16.33	7179.77	13.87	707.95 ± 45.05	15.75
喀喇昆仑山	5316	10.94	5988.67	11.57	592.86 ± 34.68	13.19
帕米尔高原	1612	3.32	2159.62	4.17	176.89 ± 4.63	3.94
昆仑山	8922	18.37	11524.13	22.26	1106.34 ± 56.60	24.62
阿尔金山	466	0.96	295.11	0.57	15.36 ± 0.65	0.34

续表

山系（高原）	数量及占比		面积及占比		冰储量及占比	
	（条）	（%）	（km^2）	（%）	（km^3）	（%）
祁连山	2683	5.52	1597.81	3.09	84.48 ± 3.13	1.88
唐古拉山	1595	3.28	1843.91	3.56	140.34 ± 1.70	3.12
羌塘高原	1162	2.39	1917.74	3.7	157.29 ± 3.11	3.5
冈底斯山	3703	7.62	1296.33	2.5	56.62 ± 3.43	1.26
喜马拉雅山	6072	12.5	6820.98	13.18	533.16 ± 8.71	11.87
念青唐古拉山	6860	14.12	9559.2	18.47	835.30 ± 31.30	18.59
横断山	1961	4.04	1395.06	2.69	76.50 ± 2.41	1.7
总计	48571	100	51766.08	100	4494.00 ± 175.93	100

资料来源：刘时银 等，2015

就冰川在各流域的分布而言（表2.4），我国内流区和外流区冰川数量分别为28912条（59.5%）和19659条（40.5%），冰川面积分别为31242.58 km^2（60.4%）和20523.50 km^2（39.6%）。在10个一级流域中，东亚内流区冰川数量、面积和冰储量最多，分别占我国冰川总量的42.0%、43.3%、47.0%；其次为中国境内恒河－雅鲁藏布江流域，冰川数量、面积和冰储量分别占全国冰川总量的26.0%、30.4%和29.1%；黄河流域冰川数量和规模最小，仅有冰川164条，面积126.72 km^2，冰储量8.53 km^3。

就各省（区）而言（表2.5），中国冰川主要分布在新疆、西藏、青海、甘肃、四川和云南6省（自治区），其中西藏和新疆冰川分布最为广泛，二者冰川数量、面积和冰储量可占全国冰川总量的87.6%、89.7%和92.1%，西藏冰川数量和面积均大于新疆，但从冰储量来看，新疆最多；云南省冰川数量、面积和冰储量最小，仅占全国冰川总量的0.13%、0.12%和0.08%。

表 2.4　中国各水系冰川统计

分区	一级流域（编码）	数量及占比		面积及占比		冰储量及占比	
		（条）	（%）	（km^2）	（%）	（km^3）	（%）
内流区	中亚内流区（5X）	2122	4.37	1554.70	3.00	106.00 ± 0.27	2.36
	东亚内流区（5Y）	20412	42.03	22414.58	43.30	2113.98 ± 112.51	47.04
	青藏高原内流区（5Z）	6378	13.13	7273.30	14.05	662.06 ± 27.78	14.73
	合计	28912	59.53	31242.58	60.35	2882.04 ± 140.56	64.13
外流区	额尔齐斯河（5A）	279	0.57	186.12	0.36	10.84 ± 0.23	0.24
	黄河（5J）	164	0.34	126.72	0.24	8.53 ± 0.03	0.19
	长江（5K）	1528	3.15	1674.69	3.24	117.24 ± 0.14	2.61
	澜沧江（5L）	469	0.97	231.32	0.45	11.15 ± 0.55	0.25
	萨尔温江（5N，中国境内称为怒江）	2177	4.48	1479.09	2.86	91.88 ± 0.86	2.04
	雅鲁藏布江（5O）	12641	26.03	15718.65	30.36	1306.95 ± 38.01	29.08
	印度河（5Q，中国境内称为狮泉河）	2401	4.94	1106.91	2.14	65.37 ± 1.11	1.45
	合计	19659	40.47	20523.50	39.65	1611.96 ± 35.37	35.87
总计		48571	100.00	51766.08	100.00	4494.00 ± 175.93	100.00

资料来源：刘时银 等，2015

表 2.5　中国西部 6 省（自治区）冰川统计

省（区）	数量及占比		面积及占比		冰储量及占比	
	（条）	（%）	（km^2）	（%）	（km^3）	（%）
西藏	21863	45.01	23795.78	45.97	1984.78 ± 61.22	44.17
新疆	20695	42.61	22623.82	43.70	2155.82 ± 116.60	47.97
青海	3802	7.83	3935.81	7.60	274.74 ± 0.32	6.11

续表

省（区）	数量及占比		面积及占比		冰储量及占比	
	（条）	（%）	（km^2）	（%）	（km^3）	（%）
甘肃	1538	3.17	801.10	1.55	39.90 ± 1.76	0.89
四川	611	1.26	549.12	1.06	35.02 ± 0.38	0.78
云南	62	0.13	60.45	0.12	3.74 ± 0.07	0.08
总计	48571	100.00	51766.08	100.00	4494.00 ± 175.93	100.00

资料来源：刘时银 等，2015

2.2.2 积雪的分布

积雪分布方面，全球积雪面积最大可达约 47×10^6 km^2，约占全球陆地面积的 31.5%（丁永建，2017）。其中 98% 分布在北半球（Armstrong et al.，2001），而欧亚大陆是北半球主要积雪区，积雪面积占北半球积雪面积的 60%（Robinson，1993），南半球除南极洲之外鲜有大范围陆地被积雪覆盖。积雪面积季节变化显著，北半球平均积雪面积夏季最小，年际变率相对变化最大，而秋季降雪造成积雪范围扩张，积雪面积绝对变化量最大，而冬季积雪空间分布变化则不大。北半球月陆地积雪面积最小为 1.9×10^6 km^2（8 月），最大可达 45.2×10^6 km^2（1 月），该面积约占北半球整个陆地面积的 49%（Lemke et al.，2007）（图 2.3）。

中国积雪的地理分布比较广，但极不均匀，表现为自南向北逐渐增厚，由西向东明显减少；平原、盆地和谷地积雪少于周围山地；山脉内的山间盆地或高原中心地区积雪更少；山地积雪具有明显的垂直递增规律（李培基 等，1983）。中国积雪主要分布在东北和内蒙古东部地区、新疆北部和西部地区及青藏高原地区，共约 3.4×10^6 km^2。中国年平均雪深、积雪密度、雪水当量分别为 0.49 cm、140 kg/m^3、0.7 mm（秦大河，2017）。中国一般以年内累积积雪日数≥60 d 作为标准来划分稳定积雪区和非稳定积雪区（图 2.4）。据基于观测结果修正的 MODIS 积雪数据，中国稳定积雪区面积为 $334.4\times10^{4}\,km^{2}$，非稳定积雪区面积为 $490.6\times10^{4}\,km^{2}$（表 2.6）。在三大主要积雪分布区中，青藏高原稳定积雪区面积最大（$1.5\times10^{6}\,km^{2}$），东北—内蒙古区次之（$1.2\times10^{6}\,km^{2}$），新疆地区稳定积雪区面积最小，仅为 $5.7\times10^{5}\,km^{2}$（表 2.6，丁永建，2017）。中国三大积雪区积雪季节分布特征不一致，其中新疆和东北—内蒙古地区积雪面积均主要集中在冬季，春季、秋季相对较小；青藏高原积雪面积则是春季、秋季、冬季都很大。积雪的季节性变化规律最明显的是新疆，基本遵循冬季＞春季＞秋季的模式，其次是东北—内蒙古地区，冬季积雪面积远高于春季和秋季，也是全国范围内冬季降雪最高的地区。最后则是青藏高原，积雪的季节性差异较小，没有固定季节变化规律（钟镇涛 等，2018）。

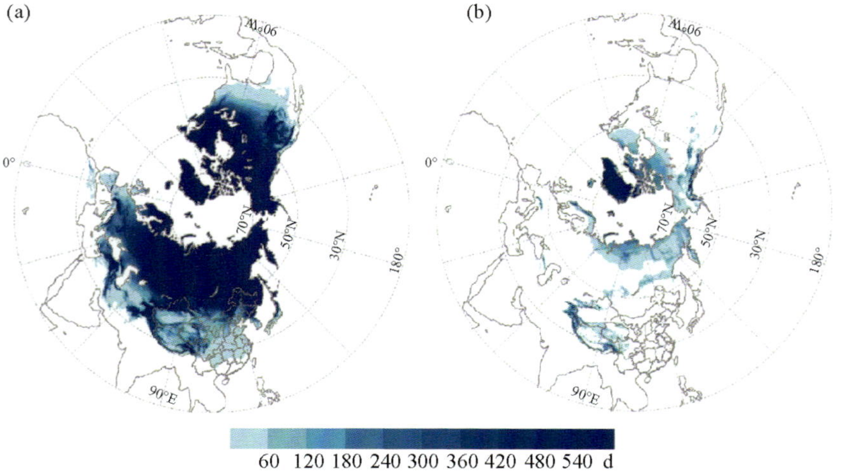

图 2.3　北半球冬季（a）和夏季（b）积雪范围气候场分布（秦大河，2017）

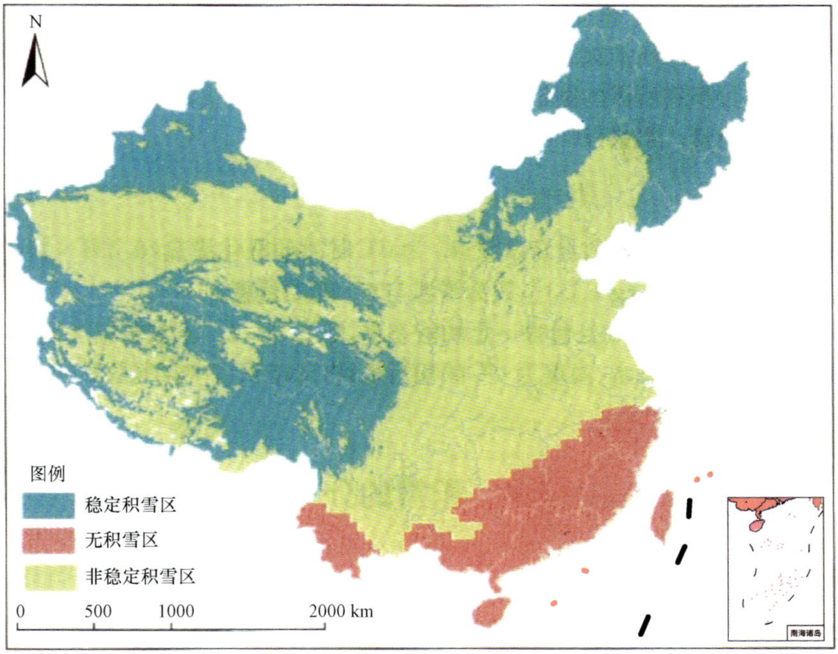

图 2.4　中国稳定及非稳定积雪区分布图（丁永建，2017）

表 2.6　中国稳定、非稳定积雪区面积分布

	东北—内蒙古区	新疆地区	青藏高原	其他地区	全国
稳定积雪区（km^2）	1178497	56800	1537097	60409	3344003
非稳定积雪区（km^2）	751719	740653	953531	2460491	4906394
稳定积雪区占积雪区面积比例（%）	62.9	42.5	40	2.4	34.1

资料来源：丁永建，2017

2.3 饮用水氘含量空间分布

城市饮用水绝大多数取自城市周围的地表水或地下水，能够反映这一区域的降水同位素信息。因此，可以通过自来水中的含量来反映不同地区居民生活用水中氘含量的差别。本节将分别介绍自来水和瓶装水中氘含量的空间分布。

2.3.1 自来水氘含量空间分布

关于大空间尺度的居民自来水氘含量空间分布的研究率先在美国开展，Bowen 等（2007）首次对美国 38 个城市的自来水样品进行氢氧稳定同位素的分析，发现美国城市自来水氘同位素的空间分布与当地降水的空间分布呈现一致性，表现为从低纬度、低海拔沿海地区向内陆、高纬度和山区递减。δD 最高值（>0‰）分布于得克萨斯州中北部和俄克拉何马州中南部，整个墨西哥湾沿岸各州 δD 值偏高；δD 最低值（<–100‰）出现在落基山脉北部高海拔区域，主要集中于爱达荷州、蒙大拿州、犹他州和怀俄明州（图 2.5）。Landwehr 等（2014）进一步发现美国城市自来水 δD 正值分布最多的地区位于美国东南部，而 δD 负值分布更多的地区位于较高海拔以及美国西北部区域，具体表现为 δD 最高值分布于南部沿海或近沿海以及岛屿地区（夏威夷、加勒比群岛和关岛）；δD 值均大于 –90‰ 的地区分布于美国东部城市，但美国西部城市自来水 δD 值总体上比美国东部具有更大范围的负 δD 值。Jameel 等（2016）发现美国犹他州北部盐湖谷东侧 δD 值低于西侧，盐湖谷西北侧自来水 δD 值最高（>–100‰），河谷东侧自来水中 δD 值最低（<–120‰）。

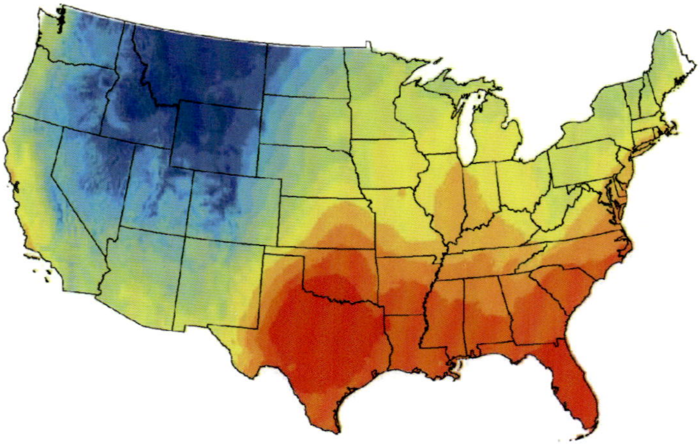

图 2.5 美国自来水中 δD 的空间分布（Bowen et al., 2015）

在其他国家，学者们针对不同区域的自来水监测也逐步开展。如 West 等（2014）对南非自来水中氢氧稳定同位素的空间分布进行了研究，发现 δD 最负值位于南非西北部，特别是在卡拉哈里省和西北省以及西南内陆和西开普省南部山区；而西海岸和西南开普省 δD 值偏正，δD 最正值出现在东海岸，并延伸至姆普马兰加和豪登省区域（图 2.6）。根据多年自来水同位素的研究和同位素景观图的建立，可以判断动物的迁徙。如 Ehleringer 等（2008）通过对比人体组织中的同位素进行人类居住地的判定，Britzke 等（2009）利用自来水中氢稳定同位素和纬度进行模型运算找到了动物的迁徙路径。部分学者利用人类的头发进行稳定氢氧同位素比值和地理环境相关性的研究，得到头发中 85% 都与当地的自来水的变化有关，通过建立全国自来水稳定氢氧同位素的空间分布图可以找出某人来自于该国的何地，该技术为刑侦缉查提供了新的思路（Ehleringer et al., 2008；Thompson et al., 2010；Kreuzer-Martin et al., 2007；Benson et al.,

2006）。此外，通过其他类型水中的稳定氢氧同位素与自来水中的稳定氢氧同位素进行对比研究，可以完善模型中的参数，从而更为有效地探索人类活动以及人类学、考古学和法医学的研究（Chesson et al.，2010）。

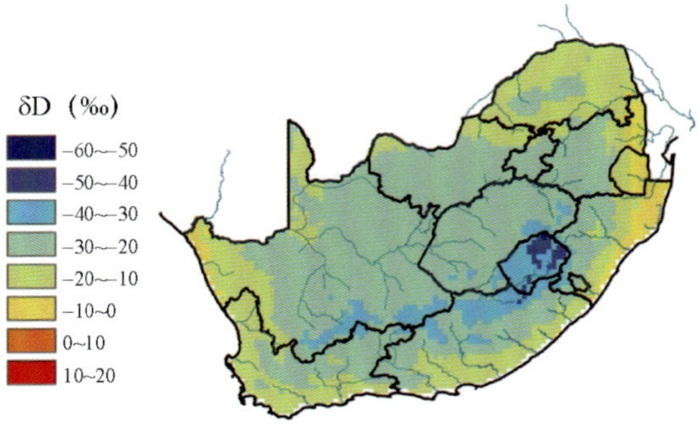

图 2.6　南非自来水中 δD 的空间分布（West et al.，2014）

中国的自来水氢氧稳定同位素空间格局也呈现出明显的空间分异特征（Zhao et al.，2017；Wang et al.，2018）。Wang 等（2018）在全国 177 处收集了 2099 个逐月自来水样品（2014—2016 年），结合以往数据（Zhao et al.，2017），给出了高分辨率的全国自来水同位素分布图，发现中国年平均自来水同位素值的空间分布与降水同位素值的分布基本一致，低氘水主要分布在青藏高原部分区域以及中国西北地区和东北地区边缘（图 2.7）。研究还发现，南方地区自来水同位素值的季节波动比北方地区更为明显，全国自来水与降水中的同位素值呈现出较好的正相关，但在南方地区二者更为接近；南方地区用水体系多采用地表水，自来水同位素的季节变化敏感地响应着降水同位素变化，而北方地区自来水同位素则更多地反映了地下水或滞留时间更长的地表水，城市供水统计年鉴和同位素大气环流模式也印证了这一结论（Wang et al.，2018）。由于降水到地表水和地下水的转化存在时间上的滞后性，这也使得不同区域自来水同位素与降水同位素之间存在差异（图 2.8）。这些大尺度的监测研究对城市水文模拟、跨区域调水评估、水源鉴定等提供了重要的基础认识。此外，在其他一些案例研究中，自来水同位素也被用于区域水资源的诊断管理。例如，对甘肃兰州自来水及其源水开展的多年采集，发现自来水同位素与地表水源同位素存在一致的时间变化，水处理过程和管网配送对水体同位素影响可以忽略（Du et al.，2019a）；而甘肃陇南和甘南的案例则表明，不同的供水模式可以体现在自来水同位素中（Du et al.，2019b）。

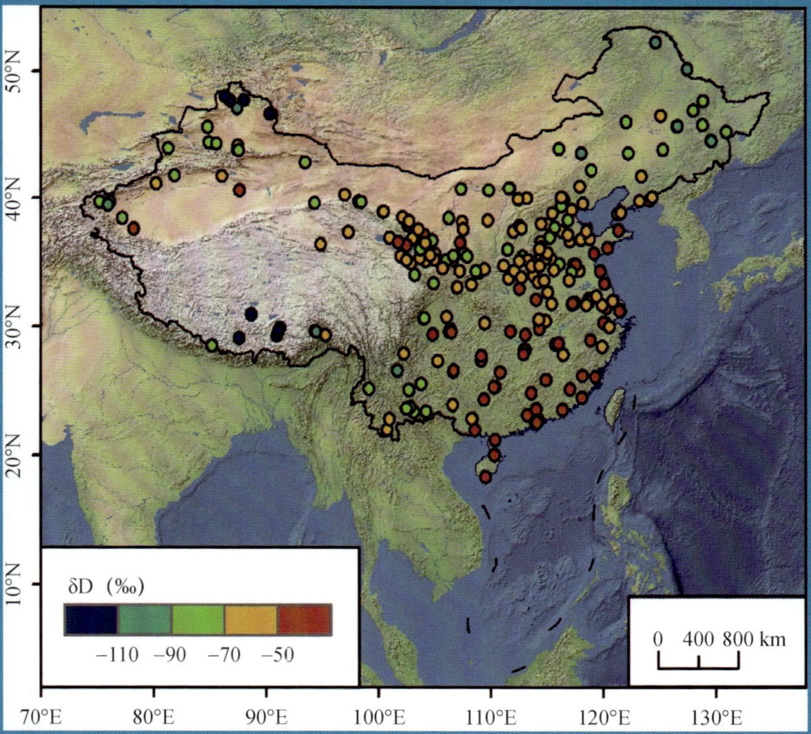

图 2.7 冬季中国自来水中 δD 的空间分布
（据 Zhao et al.，2017；Wang et al.，2018 等文献数据绘制）

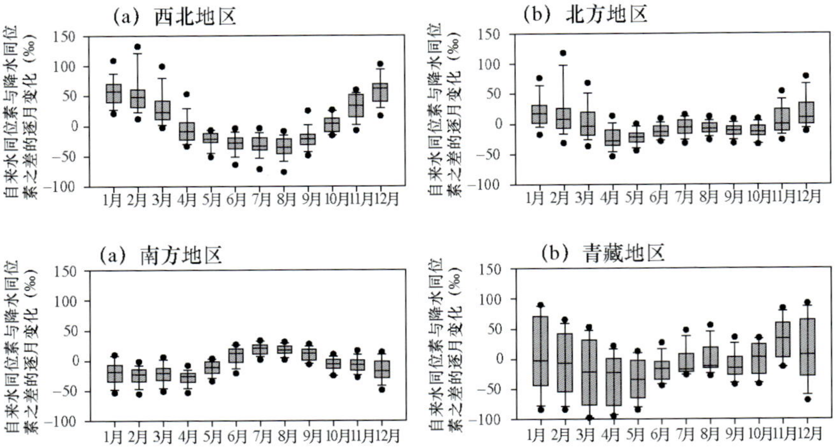

图 2.8　中国不同区域自来水同位素与降水同位素之差的逐月变化（Wang et al.，2018）

2.3.2　瓶装水氘含量空间分布

瓶装水作为一种可以远距离输送的饮用水，其氘含量也越来越受到关注。显然，瓶装水中的氘含量及其时空变化受到源水的直接影响，而地表水或地下水等源水中的同位素含量则受到降水同位素的控制。美国的 Bowen 等（2005）首次对全球 234 种矿泉水中的稳定氢氧同位素进行了研究，揭示了瓶装水中氢氧稳定同位素与当地降水的空间分布呈现一致性。之后有学者根据瓶装水水源的不同划分为天然水源和人为水源，对不同类型的瓶装水进行了稳定氢氧同位素的分析研究，明确不同的生产过程对其同位素的影响，认为瓶装水中的同位素值有助于准确追溯其水源地，从而规范市场监督（Brenčič et al.，2006）。

随着技术的成熟和研究的拓展，更多的国家针对瓶装水同位素进行了监测，尝试探讨瓶装水同位素的变化范围和水源追踪问题。如 Bong 等

（2009）分析了韩国 50 个品牌瓶装水中稳定氢氧同位素的基本分布特征，并得到瓶装水中稳定氢氧同位素变化受温度、纬度、海拔和降水量影响的结果。Chesson 等（2010）发现瓶装水中的稳定氢氧同位素与当地自来水同位素的相关性最高。Dotsika 等（2010）对希腊 25 种瓶装水中的氢氧稳定同位素进行研究，发现氢氧稳定同位素的空间分布与海拔密切相关，海拔越高，同位素比值越来越负。Godoy 等（2012）通过研究瓶装水中稳定氢氧同位素来追溯水源地并且预测当地的大气水线。Kim 等（2013）分析得到韩国瓶装水中稳定氢氧同位素变化与纬度密切相关。

中国瓶装水产地众多，随着瓶装水同位素特征逐渐受到重视，针对中国瓶装水同位素也开展了一些监测研究。如姜海宁等（2015）对中国 36 种品牌瓶装饮用水进行了稳定氢氧同位素的研究，发现纯净水、矿物质水、苏打水和天然矿泉水 4 类瓶装水氢氧稳定同位素的空间分布均与中国降水氢氧稳定同位素的分布相似，表现为从东南到东北水样中氢氧同位素值逐渐降低，而从西南到西北水样中氢氧同位素值逐渐增加的分布规律；温度、降水量和海拔是影响瓶装水中氢氧同位素组成的主要因素，而经纬度对其组成的影响较小。Peng 等（2015）发现，中国台湾销售的大部分深海水产品其氢氧同位素值约为 0‰，与当地海水相似，与深层海水的同位素值可能存在差异。Guo 等（2019）对中国 167 个瓶装水样品中的稳定氢氧同位素特征进行了研究，得到中国瓶装水中的氘含量自沿海、低纬度、低海拔和高降水量地区向内陆、高纬度、高海拔和低降水量地区逐渐贫化（图 2.9），瓶装水中的氘含量最为贫化的地区与降水同位素的空间分布较为相似，低值多出现在气温偏低的区域，最富集的地区则位于西北内陆和东南沿海地区（图 2.10）。

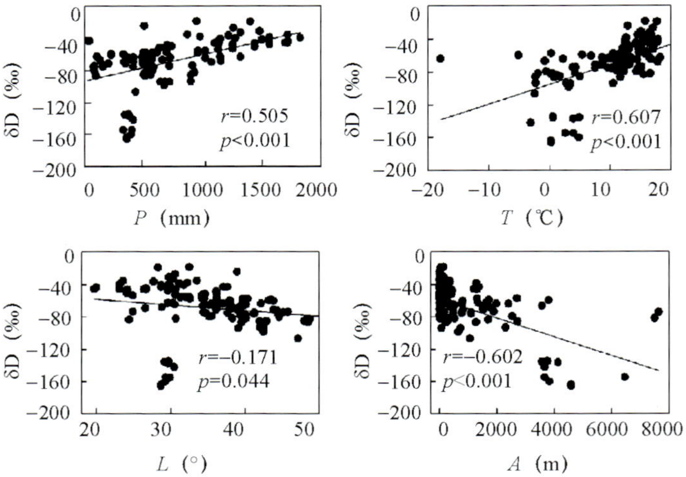

图 2.9　中国不同区域瓶装水中的 δD 与降水量（*P*）、气温（*T*）、纬度（*L*）和海拔（*A*）的关系（Guo et al.，2019）

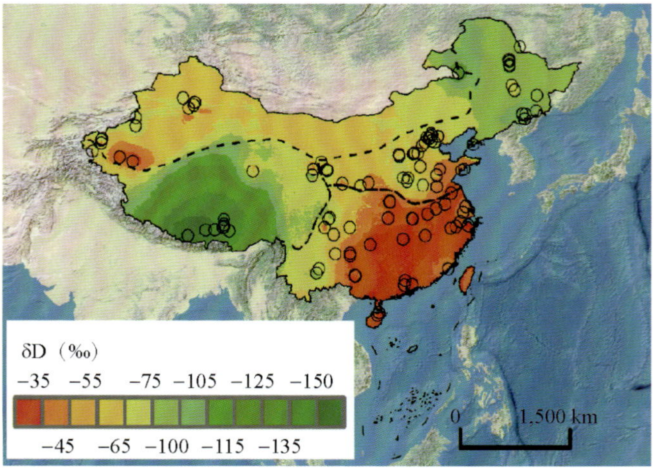

图 2.10　中国瓶装水中的 δD 空间分布（Guo et al.，2019）

低氘水

第3章

低氘水测定和开发利用

低氘水包括天然低氘水和人工低氘水。天然低氘水的形成原理及分布规律已在上章中进行了详细的介绍，这里着重介绍一下低氘水测定具体方法和目前国内外人工低氘水生产过程。

3.1 低氘水测定

水体中氘含量测量的方法主要分为质谱法和光谱法两类。

3.1.1 质谱法

质谱法（mass spectrometry，MS）是根据带电粒子在电磁场中能够偏转的原理，对样品中的物质组分按其粒子的质量差异进行分离和监测，从而确定样品中同位素组成（顾慰祖 等，2011）。

质谱仪的种类很多，水体同位素分析主要采用同位素比率质谱仪（isotope ratio mass spectometor，IRMS）、四极质谱仪（quadrupole mass spectometor，QMS）和加速器质谱仪（accelerator mass spectometor，AMS）等。

为进行水中 δD 测定，需要将水转化为氢气，以提供质谱分析。利用活泼的金属元素做还原剂，在一定温度下将水转化为氢气。常用的转化方法有四种：金属铀（U）法、锌（Zn）法、镁（Mg）法、铬（Cr）法。其中铀法制氢效率最高，在 600 ～ 700℃时与水的反应几乎在瞬间完成，与其他方法相比，δD 数据最稳定（顾慰祖 等，2011）。

铀法反应原理：$U+2H_2O \rightarrow UO_2+2H_2\uparrow$

由原始水样品采集到同位素质谱测定数据的获得，需要经历一系列流程。稳定同位素分析基本流程如图 3.1。

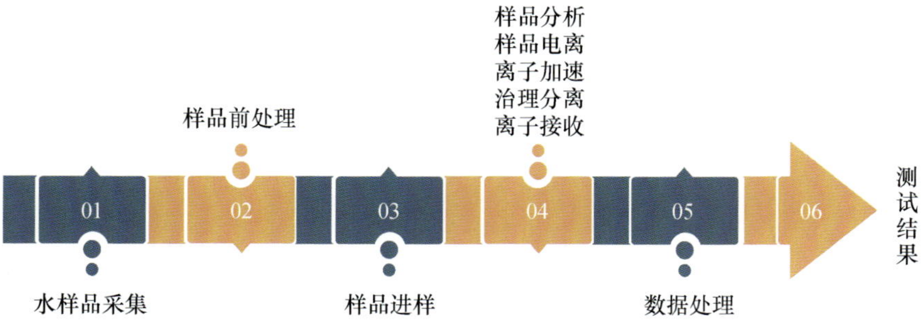

图 3.1　稳定同位素分析基本流程

3.1.2　光谱法

光谱法（spectroscopy）是一种基于物质与辐射能作用时，分子发生能级跃迁而产生的发射、吸收或散射的波长和强度进行分析的方法。原理是，当一束具有连续波长的红外光通过物质时，物质分子中某个基团的振动（或转动）频率和红外光的频率一样时，分子吸收能量跃迁到能量较高的能级。分子吸收红外辐射发生能级的跃迁后，该波长处的光被物质吸收，和入射光相比，这一波长的光就会显得较暗（顾慰祖 等，2011）。

光谱法可进一步分为原子光谱法和分子光谱法。原子光谱法是由原子外层或内层电子能级的变化产生的，它的表现形式为线光谱。属于这类分析方法的有原子发射光谱法（AES）、原子吸收光谱法（AAS）、原子荧光光谱法（AFS）以及 X 射线荧光光谱法（XFS）等。分子光谱法是由分子中电子能级、振动和转动能级的变化产生的，表现形式为带光谱。属于这类分析方法的有紫外—可见分光光谱法（UV–Vis）、红外光谱法（IR）、分子荧光光谱法（MFS）和分子磷光光谱法（MPS）等（图 3.2）。

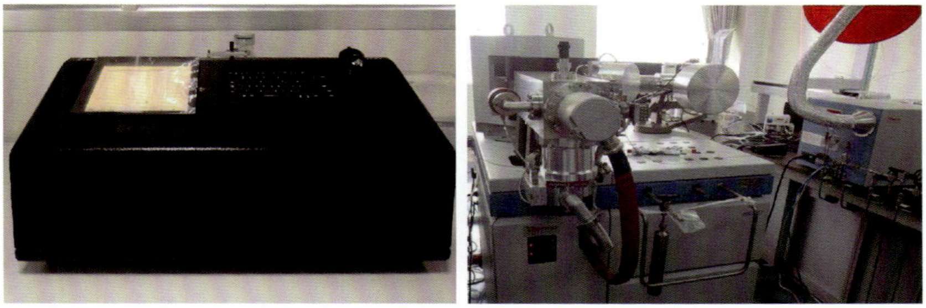

图 3.2　常见的同位素分析仪

3.2　人工低氘水制备方法

人工低氘水是指通过人工方法降低普通水中氘的含量，使其变成氘含量比标准值低的低氘水，主要采用分离方法制备而得。低氘水分离原理虽然简单，但由于天然水中氘同位素含量极少，再加上氢同位素分离系数小，使得水体中氘含量分离变得困难。目前，低氘水分离方法有蒸馏法、化学交换法、电解法、热扩散法、膜扩散吸附法、离心法、激光法等以及上述几种方法的组合法。但作为工业化生产方法，人工低氘水主要制备方法有化学交换法、蒸馏法和电解法。

蒸馏法：蒸馏法是分离液相混合物的经典方法，是利用不同组分蒸汽压的差别来实现分离的。生产氘含量较低的低氘水是根据普通水（H_2O）和重水（D_2O）的物理化学性质之间的差异而制作的。在生产低氘水过程中，普通水温度达到沸点时，由于两者挥发性存在一定差异，使得气液平衡状态下气态水中含有的氘含量比液态水含有的氘含量约少 2.5%。使用这种方法，通过精馏方式，水中的氘含量可以减少到理想程度，可以生产出

氘含量在 –839‰~–294‰ 的水。同位素分子之间蒸汽压压差相对较小，水蒸馏分离制备低氘水的能耗较高，但该方法操作相对可靠，而且生产过程中不产生污染（Bartlit et al.，1979；Lazar et al.，2019）。蒸馏法是人工低氘水制备主要方法（图 3.3），通过精馏的方式得到不同浓度的低氘水。

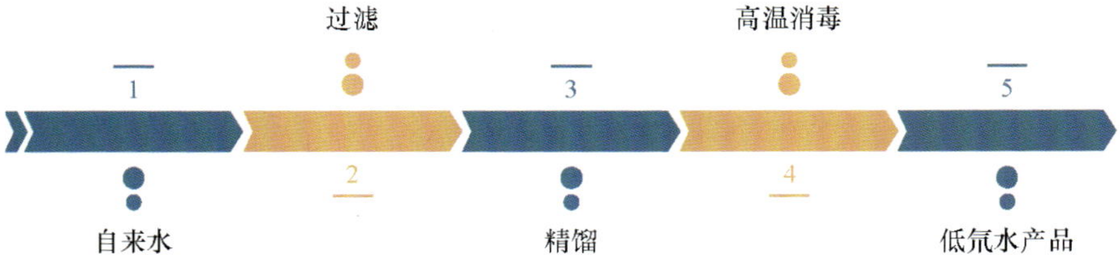

图 3.3 低氘水生产流程图

化学交换法：根据热力学同位素效应，即由于组成同一物质的同位素之间，在不同相态、不同能量状态下，热力学性质的差异导致不同相态间该物质同位素组成的差异。利用同位素在不同化学组分间的分配不同可以达到分离的目的。依据操作过程的不同，化学交换法可分为单温交换法和双温交换法，单温交换法的典型过程是 $H_2O \rightarrow H_2$ 交换法，双温交换法的典型过程是 $H_2S \rightarrow H_2O$ 交换法（Lee，1995；Romanelli et al.，2017）。化学交换分离技术中的 $H_2S \rightarrow H_2O$ 交换法虽然分离系数高、能耗较低，但 H_2S 腐蚀性较强且有毒，有一定的安全风险（Rozen，1995）。

电解法：对水进行电解时，阴极析出氢气（H_2），阳极析出氧气（O_2），由于水溶液中氘离子在阴极上电解析出速率比氕离子慢得多，使得阴极上电解析出的氢气中氕的含量富集，电解水过程中得到的氢气中氘含量大约是液态水中氘含量的 1/9~1/3，得到的氢气和氧气可合成低氘水，通过反复电解可获得不同氘含量的低氘水（Nishikawa，1986）。电解法相比其他分离方法具有电解效率高、分离能力大、操作安全简便等优点，可应用于低浓度氚化水的富集、含氚废水的处理、低氘水的制备过程中，对环境的监测保护具有重要意义（Saito et al.，1996）。电解法生产低氘水，虽然可以生成不同氘含量的低氘水，但生产费用相对较高。

热扩散法：该方法是分离气体或液体混合物的一种特别方法。在具有两种温度差别很大的区域（或设备）内，含有不同分子量的气体或液体混合物，由于热对流的作用，不同分子量的分子有不同程度的扩散效应。利用流体中温度梯度效应，重分子通常富集于较冷区域，而轻分子富集于较热区域，利用此原理达到分离同位素目的。较轻组分向温度高的方向扩散，较重组分向温度低的方向扩散，这就是热扩散效应。该方法主要用于分离轻元素气体同位素，如氕、氘、氚及惰性气体等。

膜扩散吸附法：膜扩散是离子交换膜应用技术的一种，是利用由渗析膜隔开，以溶液的浓度差为推动力，使浓度高的物质透过膜扩散到浓度低的溶液中，以达到物质的分离与回收。吸附属于一种传质过程，物质内部的分子和周围分子有互相吸引的引力，但物质表面的分子，其中相对物质外部的作用力没有充分发挥，所以液体或固体物质的表面可以吸附其他的液体或气体，尤其是在表面积很大的情况下，这种吸附力能产生很大的作用，所以工业上经常利用表面积大的物质进行吸附，如活性炭、水膜等。

离心法：离心分离法是在离心力的作用下，分子质量不同的流体，其压强分布不同的原理分离同位素的方法。在巨大的离心力场作用下，输入离心机的水样中的轻分子水（H_2O）在离心机转子中央部分加浓，而重分子水（D_2O）更多地趋于筒壁，造成氢同位素在径向的部分分离。离心分离法的缺点是单机分离功率低，如需形成一定的生产能力，需要的离心机数量很多。此外，维持大量离心机长期正常运转的技术难度大，由于材料限制，高速转子难以获得，技术要求高。

激光法：一种基于激光束对同位素原子或含同位素的化合物分子的选

择性激发来分离同位素的方法。其原理是根据原子或分子在吸收光谱上的同位素效应，利用激光的高度单色性、很高的光强和波长连续可调的特性，用特定波长的激光选择性地激发同位素混合物中某一同位素，进而产生电离或离解，未被激发的同位素仍处于基态。由于受激同位素原子或分子在物理和化学性质上与基态原子或分子差别较大，采用适当的物理或化学方法，即可使它们分离，从而获得富集的同位素。激光分离法虽然分离系数高，原料利用率高，但其工业规模生产尚未成熟，这促使研究人员不断寻找更为高效、经济、安全的氢同位素分离技术（Ivanco，1990）。

3.3　低氘水的开发利用

目前市场上以低氘水宣传的产品绝大多数为人工低氘水。作为天然低氘水的冰川水在以往的产品宣传中没有得到足够的重视。国外对冰川水产品的营销起步较早，如法国的 EVIAN（依云）、意大利的 SAN BENEDETTO（圣碧涛）、加拿大的 ICEFIELD（爱士威尔）、比利时的 SPA（滋宝圣泉皇妃矿泉水）等；以人工低氘水宣传的国外品牌有匈牙利的 VITAQUA 和 PREVENTA、俄罗斯的 VIVIDI 以及罗马尼亚的 QLARIVIA 等。目前中国低氘水品牌市场还处于起步阶段，规模较小，以宣传冰川水的品牌包括 5100、昆仑山、卓玛泉、九千年、帕米尔和格莱雪天然矿泉水等，以人工低氘水宣传品牌有博拉维瓦超轻水和善汲低氘水等。国内外主要低氘水品牌见表 3.1。本节将重点介绍国外著名的低氘水企业法国 EVIAN（依云）和匈牙利 HYD 癌症研究与药物开发有限责任公司。

表 3.1　国内外主要低氘水品牌

区域	类别	品牌
国内	冰川水（天然低氘水）	雪都冰泉、5100、格莱雪、九千年、昆仑山、慕士塔格峰、帕米尔、暑九·寒天、瓦达圣泉、卓玛泉、珠峰冰川
	人工低氘水	奥特泉、博拉维瓦超轻水、淳品天下、和力兴、康泽泉、善汲、三阳金泉、云端飘雪
国外	冰川水（天然低氘水）	ANDES MOUNTAIN WATER（安第斯）、ESKA（爱斯卡）、EVIAN（依云）、FANNYBAY（芬尼湾）、FROMIN（弗罗明）、ICEFIELD（爱士威尔）、ICELANDIC GLACIAL（冰岛）、NARZAN（纳尔赞）、OAIKA（班芙）、REDMAPLE（瑞德迈普）、ROCKY（洛基冰泉）、SAN BENEDETTO（圣碧涛）、SELKIRK（塞尔柯克）、SPA（滋宝圣泉皇妃矿泉水）
	人工低氘水	DDWATER、EXTRA LIGHT WATER、LANGWAY、LIFEWATER、MARINA、OSMIOWATER、PREVENTA、QLARIVIA、ROBERT SLOVAK、VITAQUA、VIVIDI

（1）EVIAN（依云）

依云是达能旗下拥有 200 多年历史的法国矿泉水品牌。早在 1789 年，Marquisde Lessert 无意中发现饮用来自法国依云小镇的天然矿泉水可以治疗他的肾结石。自此，依云冰川水开始进入大众视野。依云水源取自法国依云小镇，这个地区的水源主要是高山冰雪融水，通过汇入阿尔卑斯山腹地所形成的地表深处的储蓄水，经过长达 15 a 的天然过滤和冰川砂层矿化，水中富含天然、均衡、纯净的矿物质成分。为保证其安全性，依云要求在水源地直接装瓶。正是由于这样的水源形成特性也就保证了依云矿泉水的纯净性以及矿物质的平衡度，所以依云水将品牌定位于其天然、纯净、安全健康的水质以及追求优质生活的精神。依云矿泉水广告主要围绕文化历史和传奇作为背景，重点强调矿泉水产地的稀有性以及“水中贵族”的概念。如在一则电视广告中，依云选用“We Will Rock You”（我们将震撼你）作为背景音乐，宣传了依云水的功效。依云产品主要分为 3 个系列产品，分别是依云塑料瓶、依云玻璃瓶和依云纪念瓶，其中塑料瓶主要在商超流通，玻璃瓶主要在高级餐厅流通。

（2）匈牙利 HYD 癌症研究与药物开发有限责任公司

匈牙利 HYD 癌症研究和药物开发有限责任公司（HYD LLC for Cancer Research and Drug Development）自 1993 年成立以来，主要从事与低氘水相关的癌症研究和药物开发，以及天然存在的氘的生物学作用和生理重要性。1995 年，推出了第一款 Vitaqua 低氘饮用水。该公司开发的 Preventa 品牌由低氘水和天然泉水（取自地下 1800 m 富含矿物质的自流井）制成，可提供氘浓度在 25~125 ppm* 的不同产品。在一项运动医学试验中，Györe 和 Somlyai（2005）研究了饮用 Preventa-105 低氘水对运动员表现及其代谢过程的影响，主要是葡萄糖代谢和酸碱平衡以及身体负荷，12 名男子赛艇运动员参与了这项研究，发现在消耗氘水后，运动员在负荷阶段的血乳酸水平较低，低氘水可能适用于身体负荷增加的情况下提高生物体的性能。

* 1 ppm = 10^{-6}。

低氚水

第 4 章

低氚水的研究

4.1 低氘水的研究调研

文献计量学被定义为用数学和统计学的方法，定量地分析一切知识载体的交叉科学。随着计算机和网络技术的快速发展，文献计量学逐渐向可视化、网络化和指标定量化等方向发展。因此本研究选用该方法对低氘水的国内外发展态势进行分析。为了把握低氘水研究的进展，深入揭示该领域的发展态势，采用主题检索。

英文低氘水研究现状检索主题词为“deuterium depleted water（低氘水）”“deuterium-depleted water（低氘水）”“deuterium-poor water（贫氘水）”“super light water（超轻水）”，选取美国科学信息研究所（Institute for Scientific Information，ISI）SCIE 和 SSCI 作为分析数据库。检索数据库时间跨度为建库以来的 Article、Review 和 Proceedings Paper 文献，检索日期为 2021 年 7 月 15 日。中文数据主要来源于中国知网 (CNKI) 数据库，检索主题词为“低氘水”，检索数据库时间跨度为建库至 2021 年 7 月 15 日。最终，共检索获得有效文献 134 篇（附录 1），其中英文 97 篇，中文 37 篇。

4.1.1 英文文献低氘水研究现状分析

（1）整体发文量

学术论文数量的变化是衡量一个领域一段时期内发展态势的重要指标，对评价该领域所处的阶段以及预测未来趋势和发展动态具有重要的意义。图 4.1 为 1992—2021 年近 30 a 低氘水研究论文产出规模年度分布情况。低氘水研究论文产出规模总体呈现不断增长的变化趋势。有关低氘水的研究最早发表于 1992 年。1992—2005 年处于低氘水研究的探索期，发文量每年不超过 1 篇。自 2006 年以后发文量呈现波浪式上升，尤其 2018 年以来，发文量迅速增加，最高可达每年 15 篇，表明目前全球对低氘水的研究逐渐形成规模。

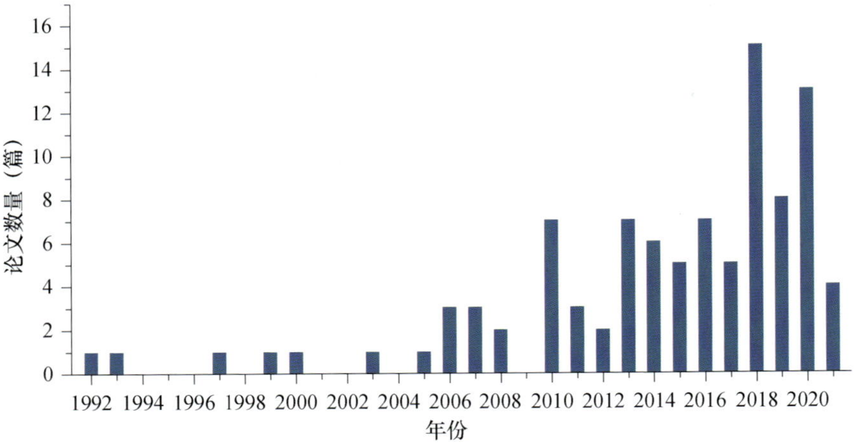

图 4.1　低氘水研究论文产出规模年度分布

（2）研究的学科分布

根据 ISI 数据库的学科分类，低氘水的学科分布涉及 34 个学科领域。表 4.1 按论文量多少依次列出了低氘水研究中所涉及的前 20 个学科领域。从表中可见，低氘水研究主要分布在分子生物学、医学、药理学、环境科学等领域，其中以分子生物学和医学领域最为集中，两者的发文总量达 45 篇。

表 4.1　低氘水研究论文的学科分布情况

序号	学科分布	论文数量（篇）
1	Biochemistry & Molecular Biology（生物化学与分子生物学）	14
2	Chemistry（化学）	14
3	Research & Experimental Medicine（研究与实验医学）	9

续表

序号	学科分布	论文数量（篇）
4	Oncology（肿瘤学）	8
5	Pharmacology & Pharmacy（药学）	8
6	Engineering（工程）	7
7	Environmental Sciences & Ecology（环境科学与生态学）	7
8	Biotechnology & Applied Microbiology（生物技术与应用微生物学）	6
9	Materials Science（材料科学）	4
10	Nutrition & Dietetics（营养学）	4
11	Physics（物理学）	4
12	Agriculture（农学）	3
13	Biophysics（生物物理学）	3
14	Endocrinology & Metabolism（内分泌与代谢）	3
15	General & Internal Medicine（普通内科）	3
16	Neurosciences & Neurology（神经学）	3
17	Nuclear Science & Technology（核科学与技术）	3
18	Physiology（生理学）	3
19	Plant Sciences（植物科学）	3
20	Energy & Fuels（能源与燃料科学）	2

（3）期刊分布

低氘水研究的论文主要发布在 69 种期刊上，图 4.2 给出排名前 20 位期刊的载文量情况。从图中看，论文在期刊 *Environmental Engineering and Management Journal*（IF:0.916）(《环境工程与管理杂志》)、*Molecules*（IF:4.411）(《分子》) *Romanian Biotechnological Letters*（IF:0.765）(《罗马尼亚生物技术》) 的发文量最多，均在 5 篇以上。

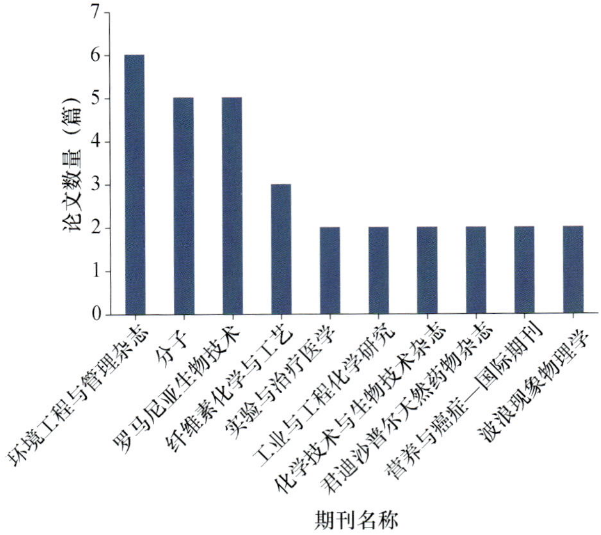

图 4.2　低氘水研究的主要载文期刊

（4）开展研究的主要国家分布

对 1992—2021 年近 30 a 的所有数据按国家的发文情况进行分析得出，来自美国、日本、德国、罗马尼亚、俄罗斯、匈牙利、伊朗、乌克兰、法国、英国等 18 个国家的学者开展了低氘水的研究。其中，罗马尼亚和俄罗斯两国的发文量遥遥领先于其他国家，占 53.6%，且在 2010 年以后，各个国家有关低氘水的研究相继开展（图 4.3）。

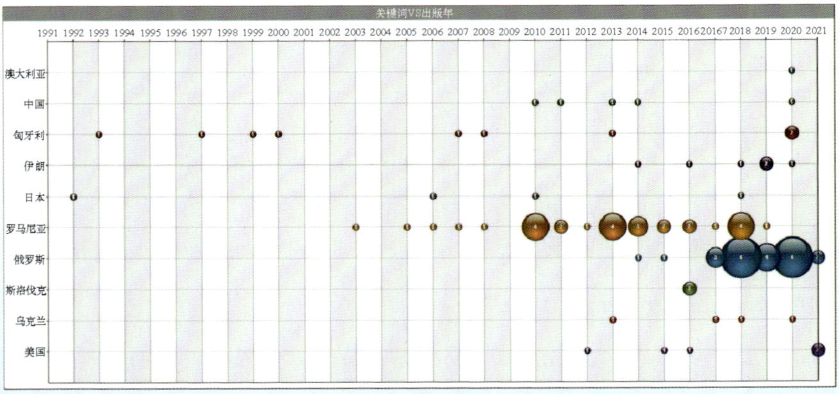

图 4.3　低氘水研究的前 10 位国家分布

图 4.4 是低氘水领域国家合作关系网络，图中每一个黄色小球代表一篇论文，不同颜色代表不同的国家。从论文合著表现出的合作情况来看（图 4.4），低氘水研究目前多在单独国家开展研究，国际合作相对较少，2 国和 2 国以上合作完成的论文数仅占到全部论文的 15.46%，且主要在欧美国家进行，例如：美国、德国、俄罗斯、法国、匈牙利和乌克兰。

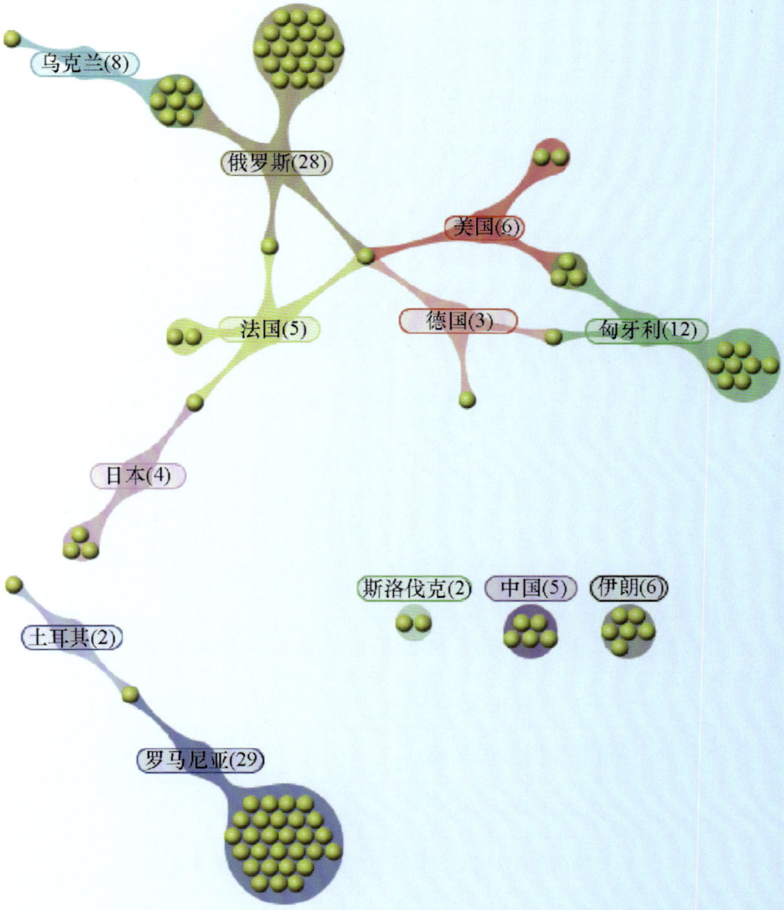

图 4.4　低氘水研究的主要国家的合作关系

（5）主要机构分布

共有 68 家机构开展了低氘水的研究，其中，大学占 42 所，是低氘水研究的主要力量。表 4.2 为低氘水研究的论文数量排名前 20 位的主要机构分布及论文量情况。从机构层面来看，发文量排前 20 位的第一著者所属研究机构中俄罗斯和罗马尼亚分别占 6 个，匈牙利占 3 个。

表 4.2　主要机构发文统计

序号	学科分布	所属国家	论文篇数
1	库班国立大学	俄罗斯	4
2	俄罗斯友谊大学	俄罗斯	4
3	奥拉迪亚大学	罗马尼亚	4
4	乔戈·阿萨奇理工大学	罗马尼亚	3
5	乌克兰国家科学院	乌克兰	3
6	伊朗核科学与技术研究所	伊朗	3
	佩奇大学	匈牙利	3
8	鲍曼州立科技大学	俄罗斯	2
9	匈牙利科学院	匈牙利	2
10	匈牙利 HYD 癌症研究和药物开发有限公司	匈牙利	2
11	库班国立医科大学	俄罗斯	2
12	罗马尼亚国家低温同位素技术研究所	罗马尼亚	2
13	俄罗斯人民友谊大学	俄罗斯	2
14	俄罗斯国家科学院	俄罗斯	2
15	斯洛伐克科学院	斯洛伐克	2
16	克雷奇大学	罗马尼亚	2
17	罗马尼亚蒂尔古强医科大学	罗马尼亚	2
18	亚利桑那州立大学	美国	1
19	澳大利亚国立大学	澳大利亚	1
20	罗马尼亚卡罗尔达维拉医药大学	罗马尼亚	1

从主要机构的合作情况看（图 4.5），论文的合著更多地在 2 个机构之间进行，这部分论文占到了全部论文的 23.7%，且机构间的合作更多地发生在各国的国内机构之间。例如，同属于俄罗斯的俄罗斯科学院、库班国立大学，库班国立医科大学，库班国立农业大学，俄罗斯人民友谊大学等；同属于匈牙利的匈牙利 HYD 癌症研究和药物开发有限责任公司、佩奇大学和塞格德大学。

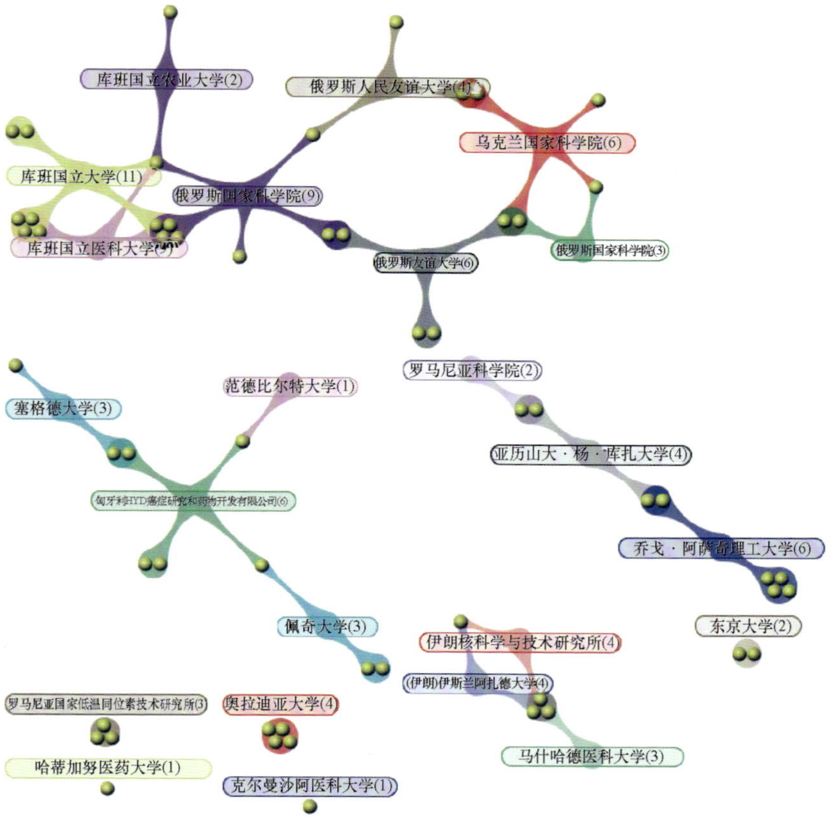

图 4.5　低氘水研究的主要机构的合作关系

（6）基于关键词的低氘水研究的主题和热点

关键词是表达一篇论文研究内容的自然语言词汇，它能够迅速、准确地反映论文的主题内容和研究重点，针对作者给出的关键词进行统计分析可以发现一个领域的研究现状及其发展规律等线索。对关键词进行共词、共现和聚类分析等成为对一个领域进行研究热点判断的重要情报方法。我们在本书中采用了 VOSviewer 对关键词进行聚类。VOSviewer 作为网络图谱分析的可视化软件，能够实现对关键词的挖掘与词频统计，并绘制关键词的共现可视化图谱，从而挖掘全球低氘水研究领域的高频关键词，进而明晰低氘水领域的研究热点。

图 4.6 为基于关键词的低氘水研究热点聚类分布，每个节点代表一个关键词，节点大小反映关键词出现频次的高低，不同颜色代表不同的聚类簇。可以发现，低氘水领域论文涉及的关键词从整体上看分布较广，这说明低氘水研究的范围较广、视角较多，有一定广度和深度。从图中看出低氘水研究关键词出现频次较高的为 deuterium depleted water（低氘水）、polyphenols（多酚类物质）、antioxidant（抗氧化剂）、extract（提取）、acetaminophen（对乙酰氨基酚）、cells（细胞）、oxygen（氧）、natural products（天然产物）、stable hydrogen（稳定氢同位素）、ddw（低氘水）、cancer cell lines（癌症细胞株）、senescence（衰老）、depleted water（贫化水）、water clusters（水分子团簇）、in-vitro（在体外）、deuterium depletion（低氘）、carcinoma（癌）、lung cancer（肺癌）、apoptosis（细胞凋亡）、deuterium（氘）、hydrogen（氢）、heavy water（重水）、assimilating pigments（吸收性色素）、cecal ligation（盲肠结扎）、P53（一个基因序号）、exchangeblood（换血）、5-fluorouracil（5- 氟脲嘧啶）、d2o（低氘水的分子式）、rats（老鼠）。这意味着低氘水研究主要集中在低氘水的生物学效应及其作用机制，尤其是其在抗肿瘤方面的研究上，此外，在低氘水的理化特性及其地理分布方面也开展了部分研究。

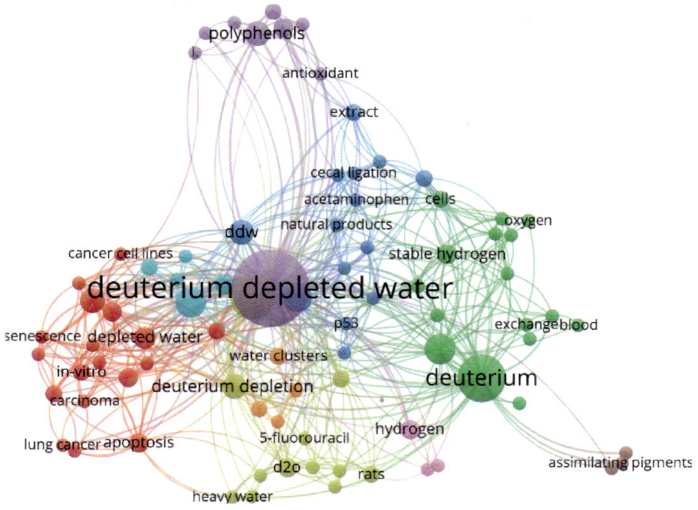

图 4.6　基于关键词的低氘水研究热点聚类分布

图 4.7 为 2010—2020 年基于关键词的低氘水研究热点趋势分布，从图中看研究的热点逐渐趋向于低氘水的生物学效应及其作用机制，例如：water clusters（水分子团簇）、rats（大鼠）、apoptosis（细胞凋亡）、oxide（氧化物）、heavy water（重水）、bacteria（细菌）、bioregulators（生物调节器）、deuterium depleted water（低氘水）、in-vitro（在体外）、depleted water（贫化水）、polyphenols（多酚类物质）、proliferation（增殖）、survival（存活）、deuterium（氘）、ddw（低氘水）、expression（基因表达）、water（水）、stable hydrogen（稳定氢同位素）、extract（提取）、cells（细胞）、oxidative stress（氧化应激）、hydrogen（氢）、liver（肝脏）、biological-activity（生物活性）、d2o（低氘水的分子式）、cancer（肿瘤）。

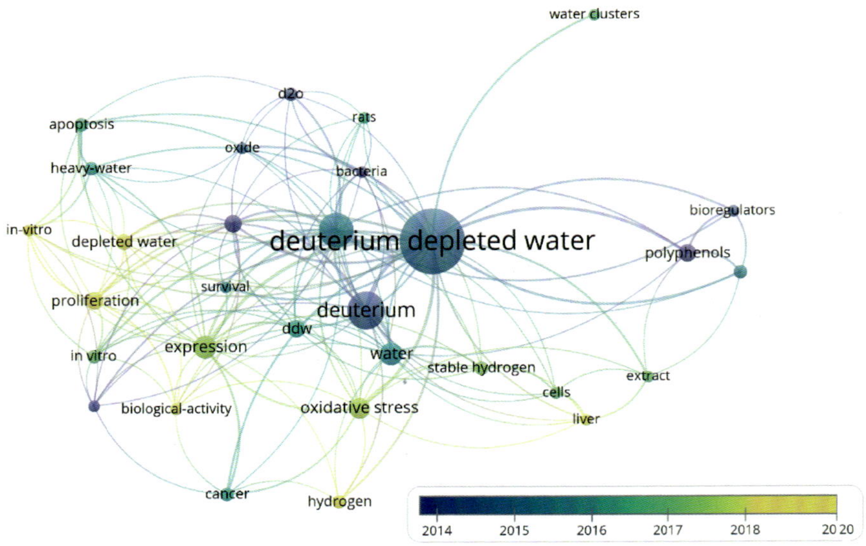

图 4.7　2014—2020 年基于关键词的低氘水研究热点分布

4.1.2　中文文献低氘水研究现状分析

中文文献与低氘水相关的文章最早出现在 2009 年，相比世界在该领域内的研究晚 17 a。文献数量总体呈先增长后减小的趋势。在 2013 年之前关于低氘水的发文量逐年增加，其中 2010 年达到了发文量的峰值 6 篇。自 2014 年开始，发文量开始回落（图 4.8）。

低氘水研究已发表的 37 篇文献中有 31 篇发表在期刊上，涉及 23 种期刊。其中，《上海交通大学学报（医学版）》发文量最多，其次为《食品科学》《中国医药导报》《中国动脉硬化杂质》《南方医科大学学报》《化学世界》，这 6 种期刊占总期刊发文量的 42%。其余 7 篇文献的形式为硕士论文（表 4.3）。

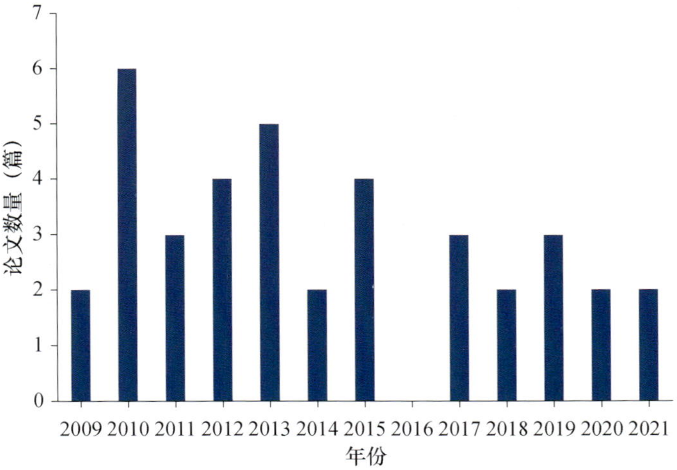

图 4.8　国内低氘水研究文献发表年份分布

表 4.3　中文低氘水研究文献发表情况

类型	来源	数量（篇）
期刊	上海交通大学学报（医学版）	3
期刊	食品科学	2
期刊	中国医药导报	2
期刊	中国动脉硬化杂质	2
期刊	南方医科大学学报	2
期刊	化学世界	2
硕士学位论文	上海交通大学	3
硕士学位论文	第二军医大学	2
硕士学位论文	南华大学	1
硕士学位论文	新疆医科大学	1

国内开展低氘水研究的机构有 22 家，其中 50% 为高等院校，例如：上海交通大学、广东医学院、南方医科大学等。图 4.9 为低氘水领域发表论文数量排名前 10 位的主要机构分布及论文量情况。可见，上海交通大学低氘水研究成果数量远远超过国内其他研究机构。而且，从地域上看，除了新疆医科大学之外，其余的研究机构均位于南方。这也表明，目前国内低氘水研究地域分布极不平衡。

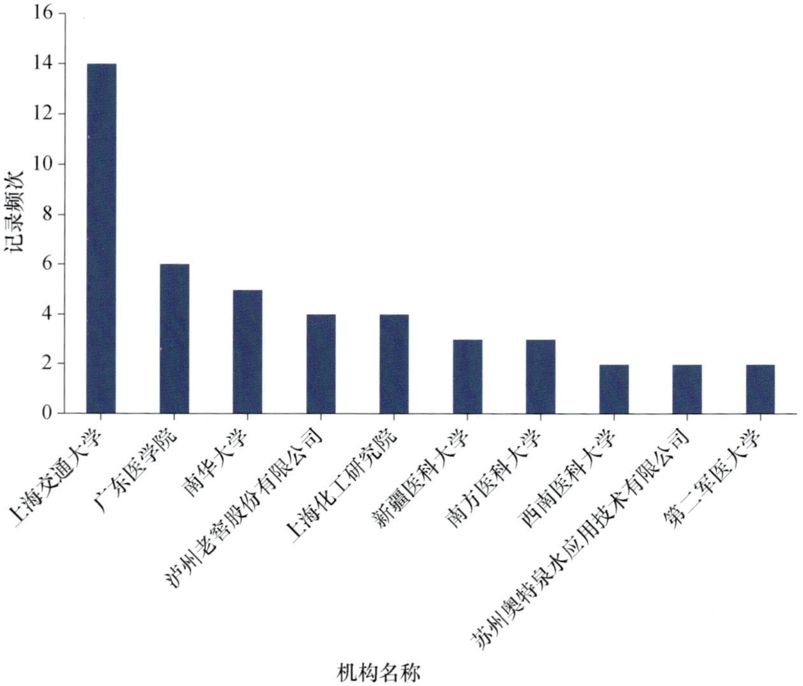

图 4.9　中文低氘水研究文献前 10 位机构分布

关键词可以体现每篇文献的核心研究内容，对某阶段某研究领域相关文献的关键词频次和共现关系进行分析，可以获得该领域在某阶段的研究热点。共检索到 89 个关键词，表 4.4 为出现词频前 20 名关键词统计。人工略去“低氘水”检索主题词后，70% 以上的关键词与医学或者生物学有关。可见，目前低氘水的研究主要集中在医学和生物学领域，其中，低氘水在抗抑郁、抗氧化、防衰老、抗辐射、降血糖、保护心血管系统、抗肿瘤等生物学效应方面的作用及其相关机制为国内研究的热点。

表 4.4 中文低氘水研究关键词前 20 位频次

关键词	出现次数	关键词	出现次数
低氘水	36	细胞凋亡	2
肺肿瘤	6	稳定同位素	2
细胞增殖	5	富血小板血浆	2
糖尿病溃疡	4	辐射	2
白酒	4	凋亡	2
衰老	3	氘	2
Lewis 模型小鼠	3	癌症患者	2
肿瘤	2	PCNA 蛋白	2
胰岛细胞	2	A549 细胞	2
细胞周期	2	原位移植瘤	2

4.2 主要研究内容及结果

自从 1934 年美国科学家尤理利用光谱检测的方法发现了氘之后，人们便开始对氘开展系统的研究。这里将从以下几个方面进行低氘水研究现状的介绍。

4.2.1 低氘水的抗肿瘤及其辅助治疗

随着人们越来越关注安全健康的水源及饮用水产品，近年来国内外开展了大量有关天然或制备低氘水的功效研究。Zhimak 等（2015）研究发现，饮用低氘水与饮用天然水的动物器官中的氘含量明显不同，并且认为不同器官含氘的量不同与器官的功能有关。

氢键是 DNA 的基本化学键，参与了机体几乎所有的生命反应，氘正是以这样的方式影响着 DNA 的遗传、复制，影响着生命体的各种生物学效应。低氘水的抗肿瘤作用是低氘水生物学效应的研究热点。它对多种肿瘤细胞的增殖有抑制作用，可作为癌症的辅助治疗剂。目前国内外学者对低氘水在抗肿瘤及其辅助治疗方面的作用和可能的机制进行了大量研究。

低氘水对肿瘤的抑制作用受到学术界的广泛关注。Tyrysov 等（2006）发现，长期饮用氘体积分数低的低氘水可使移植瘤小鼠获益。王坤等（2013）发现，用不同浓度低氘水培养肝癌细胞 24 h 后，可以抑制肝癌细胞的增殖，且随时间的延长抑制作用会更加明显。张力等（2014）发现低氘水对各类鼻咽癌细胞也有抑制作用。低氘水可以抑制小鼠成纤维细胞的生长，可明显消退荷瘤鼠的肿瘤（Bild et al.，2004）。Roumyantsev 等（2012）发现低氘水可以抑制白血病细胞的增殖。水中氘浓度体积分数减少 65% 能够抑制肿瘤生长（Turusov et al.，2005；Tyrysov et al.，2006），国外临床实验证实，服用低氘水的肿瘤患者能使肿瘤停止生长，显著提高患者的生存时间和生活质量（Krempels et al.，2008）。Hughes 等（1958）最早发现，通过给腹水瘤小鼠饮用 0.0025% ～0.003% 的低氘水可以有效地延长其生存期。低氘水对多种肿瘤细胞，如结肠癌、乳腺癌、急性髓细胞白血病和急性淋巴细胞白血病等的增殖均有抑制作用（图 4.11），而且使用方便，没有毒副作用，且可能对肿瘤的多药耐药逆转有巨大作用，可作为癌症的辅助治疗剂（陈淼 等，2015；Wang et al.，2013）。

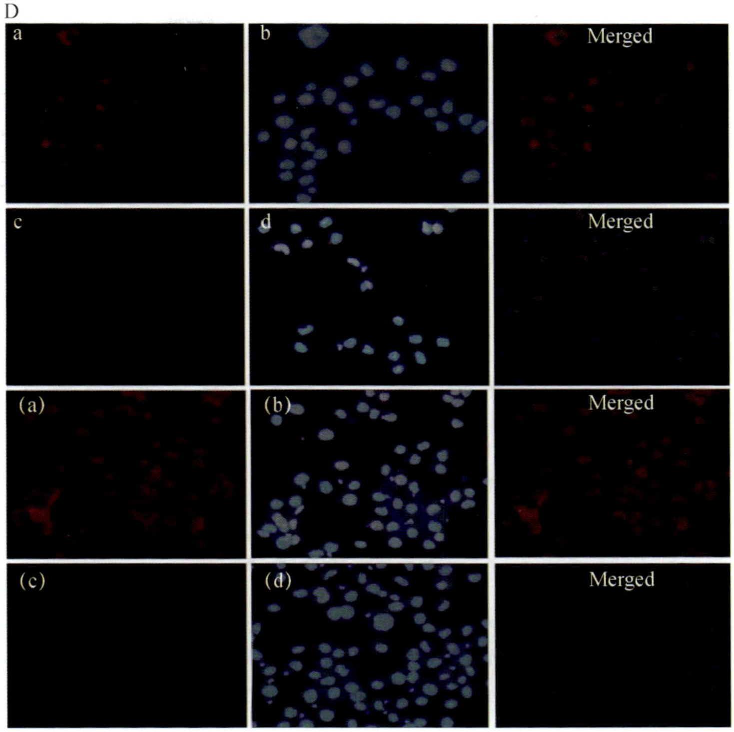

图 4.10　低氘水促进蛋白迁移（Wang et al.，2013）

在机理方面，氢键是 DNA 的基本化学键，在 DNA 复制及修复过程中以及氢键的形成中一些酶和蛋白起重要作用。王坤等（2013）发现低氘水调控肿瘤细胞中的 miRNAs 的表达，miRNAs 与细胞的增值、细胞周期进程、侵袭以及分化等密切相关，是肿瘤发生、发展过程中的重要分子之一。低氘水会促进醌氧化还原酶 1（NADPH: quinone oxidoreductase-1，NQO1）的表达（图 4.10），而抑制核增殖抗原（proliferating cell nuclear antigen，PCNA）和基质金属蛋白酶 9（matrix metalloproteinase-9，MMP-9）的表达。NQO1 蛋白与醌类物质解毒、抗癌药物生物激活 p53、蛋白稳定性调节及肿瘤坏死因子 α（tumor necrosis factor-α，TNF-α）诱导凋亡效应密切相关，PCNA 蛋白与细胞生长速率有关，MMP-9 蛋白与促进癌细胞转移有关（Wang et al.，2013；罗安玲 等，2018)。此外，细胞内稳定的氘 / 氢比例（D/H）是维持细胞信号转导、肿瘤细胞分裂增殖的重要条件。生物体内的 D/H 比值在细胞周期过程中是变化的，细胞可调节 D/H 之比，D/H 比例的变化会引发细胞周期调控过程中的某些分子机制。有研究发现，低氘水可以直接干预细胞周期调控过程和信号转导途径，从而导致肿瘤组织消退（Somlyai et al.，1998）。因此，低氘水的抗肿瘤作用可能与诱导细胞凋亡、细胞周期阻滞、细胞周期相关调控蛋白的表达、癌转移相关蛋白的表达、原癌基因的下调、抑癌基因的上调等因素有关（罗安玲 等，2018）。低氘水抗肿瘤作用也有大量临床数据的支持。在一项受试人数超过 1500 名的研究中发现：与对照组相比，饮用低氘水的前列腺癌症患者生活质量和生存率明显提高（Somlyai et al.，2010）。Krempels 等（2010）提出低氘水可以提高乳腺癌症患者的存活率，74.3% 的患者肿瘤停止生长。

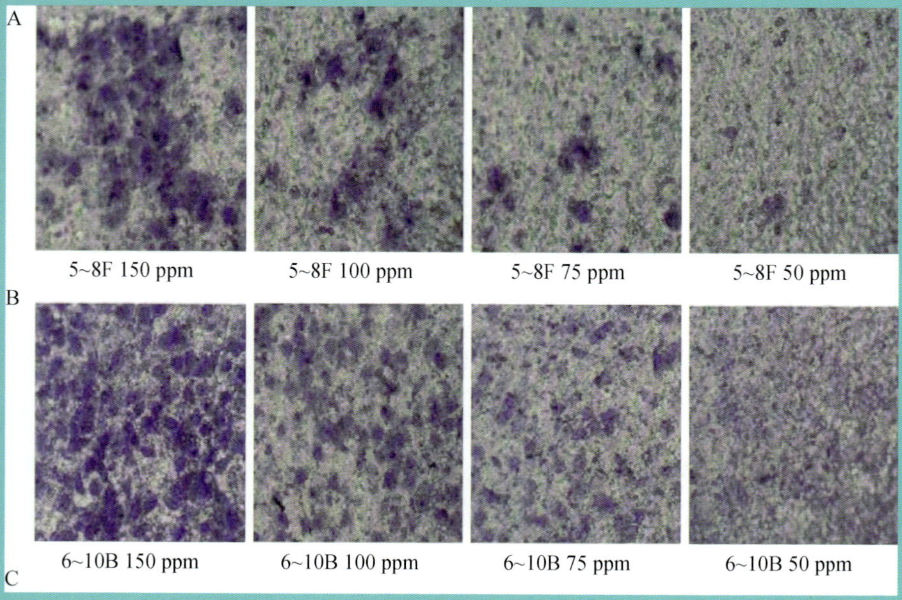

图 4.11　低氘水抑制迁移（Wang et al.，2013）

4.2.2 低氘水的抗氧化、延缓衰老和抗辐射作用

近年来低氘水在抗氧化、延缓衰老和抗辐射研究领域受到研究人员的广泛关注。通过模型实验研究了低氘水对小鼠抗氧化能力的影响，发现低氘水对衰老型小鼠的血清、心肌、脑、肝脏等组织的抗氧化指标有显著影响，能减缓其衰老速度。由于低氘水可通过提高内源性延缓衰老物质的活性、抑制脂质过氧化反应、清除自由基等方式来延缓小鼠的衰老进程，所以，低氘水对衰老模型小鼠抗氧化能力有一定的正向调节作用（王洁 等，2012）。通过实验研究发现，在短时间内，低氘水对正常小鼠有一定的促氧化作用，但是经过一段时间后，低氘水对正常小鼠产生抗氧化作用。低氘水能减轻小鼠因铬、镉重金属中毒引起的氧化损伤，激活小鼠体内的抗氧化防御系统，保护肝脏和肾脏免受毒害。除了小鼠实验外，低氘水还可减轻秀丽隐杆线虫受锰元素的毒害作用，通过调节一种寿命调控因子信号通路延长线虫的寿命。所以，低氘水对有毒元素有一定的清除作用，它可能是不同病理性疾病的有效预防或治疗剂（Ávila et al.，2012）。

辐射会对人体造成一定的影响，可能会导致贫血、免疫功能下降等情况。Laissue 等（1983，1987）发现，低氘水可以促进外周血细胞的增殖，也可以增加机体的免疫防御功能，分析经射线照射过的小鼠血液，结果显示，低氘水抗辐射作用及其机制可能与免疫系统防御有关。张亚茹等（2012）发现低氘水对人体正常皮肤成纤维细胞及黑色素瘤细胞的影响，低氘水显著抑制黑色素瘤细胞活性，减少其黑色素生成。此外，低氘水能减轻紫外线辐射对成纤维细胞增殖的损伤。另外，进一步研究发现，低氘水还可减轻 X 射线、γ 射线对小鼠肝脏的损伤，这说明低氘水具有抗辐射损伤作用（图 4.12），该作用可能与机体免疫系统功能的提高有关（Gabriel et al.，2010）。连璐等（2010）通过实验分析发现，低氘水对正常小鼠免疫调节作用的影响，低氘水能显著提高小鼠的脾脏指数，说明低氘水可增强小鼠的非特异性免疫

功能；低氘水还能显著增加免疫球蛋白 M 含量，说明低氘水可提高小鼠体液免疫的能力；而且，低氘水不会损伤和破坏脾脏和胸腺，不会改变正常的组织结构。因此，低氘水在一定程度上可以提高正常小鼠的免疫力。由于低氘水具有免疫调节作用，能减少机体内细菌内毒素物质的影响，所以低氘水可能还有抗炎作用。此外，低氘水的抗氧化、延缓衰老和抗辐射作用说明低氘水在营养品、保健品领域有一定的应用价值（罗安玲 等，2018）。

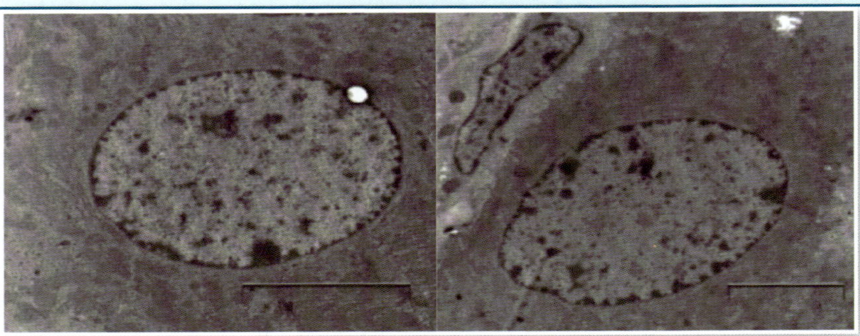

图 4.12　低氘水的抗辐射作用（Gabriel et al.，2010）

4.2.3　低氘水与糖尿病和心血管疾病

低氘水具有很好的溶解力，可以溶解部分不易吸收的营养物质，促进胰岛素的释放，预防胰岛素抵抗和糖尿病（Kajiyama et al.，2008）。Aneta 等（2008）研究发现：与对照组相比，低氘水干预后，高血糖大鼠的血浆总糖蛋白量减少，糖基化水平降低。低氘水可以降低胰岛细胞的损伤，尤其是过量饮酒引起的损伤。低氘水能够有效地改善胰岛细胞的形态、胰岛细胞体积的分布。低氘水能加快葡萄糖转运蛋白的转运速率，从而提高人体对葡萄糖的摄取。临床也可见低氘水对糖尿病有辅助作用的报道，糖尿病患者每天饮用低氘水，不仅可以降低患者空腹血糖的水平，还可以减轻胰岛素抵抗，患者葡萄糖摄取量可从 0.2 mg · min^{-1} 增加到 4.2 mg · min^{-1}（Gyngyi et al.，2000）。

此外，相关研究显示，低氘水可降低空腹血糖水平，提高空腹血浆胰岛素水平，改善胰岛细胞数量、体积、形态及染色颗粒的分布等，具有减轻和修复胰岛细胞损伤的作用（Kajiyama et al.，2008）。进一步研究发现，低氘水可干预糖尿病患者体内的葡萄糖代谢，提高胰岛素敏感性，缓解胰岛素抵抗，降低空腹血糖水平。通过代谢组学分析发现，低氘水能影响机体的糖代谢，证实了低氘水降低血糖的作用（夏红蕾，2015）。低氘水的降血糖作用机制可能与其改善受损胰岛细胞功能、促进胰岛素分泌有关（Molnár et al.，2012）。

由于低氘水的分子团比天然水分子团小，运动速度和渗透能力得到了有效的提高，因此能够顺利通过细胞膜上的水通道。低氘水则能够有效加强肾上腺素和血管紧张素引发的血管收缩反应，提高血管张力。研究表明，低氘水对血管的舒张和收缩具有调节作用（Dzhimak et al.，2015）。研究发现，试验小鼠饮用重水时，发现脑组织和其他组织中的氘含量都得到了一定的增长，然而采用低氘水代替重水后，发现小鼠脑组织整合与未整合的氘含量都得到了有效的降低。实验表明，低氘水能够快速通过血脑屏障，因此，低氘水作为辅助治疗剂能够在治疗脑血管疾病方面具有重要应用前景。研究发现，低氘水可提高血管反应性，促进肾上腺素和血管紧张素诱发的血管收缩应答反应，这说明低氘水对血管舒张和收缩有调节作用（娄春燕 等，2011）。

4.2.4 低氘水的神经调节作用

低氘水对神经系统的调节作用主要包括增强记忆力和抗抑郁作用。Strekalova 等（2015）采用流行病学方法对美国各州居民抑郁症发病率与饮用水氘含量之间的关系调查显示，人群的发病率为 5.3% ～13.7%，饮用水氘含量为 135 ～155 ppm；氘含量每增 10 ppm，发病率升高 1.8%（图 4.13）。同时，研究人员通过一系列小鼠实验发现，低氘水不仅可以加强小鼠的长期记忆能力（Mladin et al.，2014），同时可以减轻抑郁症状、改善睡眠质量，具有抗焦虑作用（Strekalova et al.，2015）。

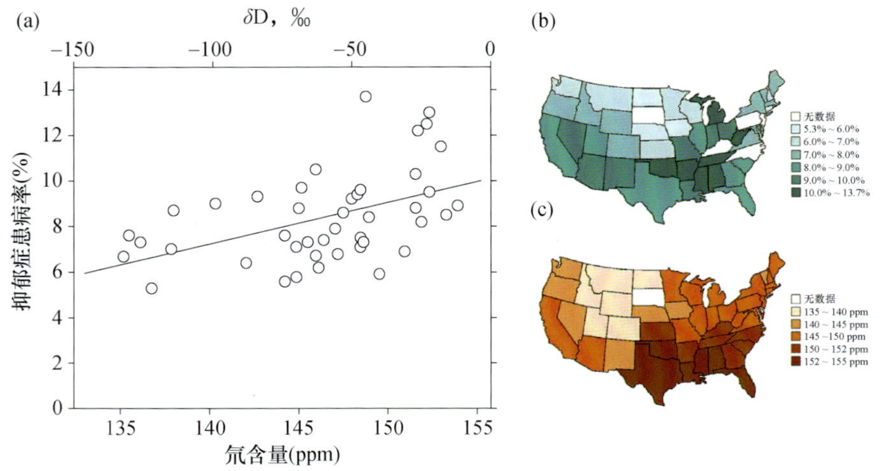

图 4.13　抑郁症患病率与自来水中氘含量的关系（Tatyana et al.，2015）

（a）美国各州报告的重度抑症发病率与美国自来水中氘含量之间相关性

（b）美国各州 18 岁成人中抑郁症患者的患病率报告

（c）2004—2013 年从美国各州收集的样本中统计的美国自来水平均氘含量的空间分布

目前，低氘水抗抑郁特性的可能机制是：①低氘水替换普通水后，产生物理化学反应，增加细胞膜流动性，减弱磷脂双分子层的刚性结构，进而改变神经递质受体的分布情况，增强神经递质受体的亲和力，影响血脑屏障渗透性和花生四烯酸代谢，从而促进神经活动，减轻抑郁症状。②由限制性基因表达差异推测，可以从表观遗传学、调节这两方面探究低氘水抗抑郁的机制，这可能与突触可塑性、BDNF/TrkB 信号有关（Strekalova et al.，2015；Goncharuk et al.，2011；Beranová et al.，2012；Ahmed et al.，2013）。

低氘水

附录 1

低氘水相关研究文献

中文期刊论文

赵超然，王湘琦，熊爱兵，2021. 低氘水联合富血小板血浆对糖尿病大鼠胰岛细胞的保护作用及 TGF-β_1 表达的影响 [J]. 中国美容医学，30（06）:101-106.

王湘琦，赵超然，熊爱兵，2020. 低氘水联合富血小板血浆对大鼠糖尿病溃疡创面愈合的影响 [J]. 上海交通大学学报（医学版），40（03）：326-332.

韩莉，刘迪，余婷婷，2020. 热转换元素分析 – 同位素比质谱法测定低氘包装饮用水中氘含量 [J]. 食品科学，41（16）：266-271.

焦敏，李敏，万凯华，等，2019. 低氘水对肺癌细胞 Caspase-3 表达的影响 [J]. 安徽医科大学学报，54（07）：1057-1060.

焦敏，李敏，万凯华，等，2019. 低氘水对 Lewis 肺癌模型小鼠血管内皮生长因子表达的影响 [J]. 西北药学杂志，34（02）：198-202.

曲爱爱，渠艳秋，倪维晨，等，2018. 低氘水对水培生菜生长及品质的影响 [J]. 安徽农业科学，46（24）：37-38，59.

罗安玲，郑有丽，丛峰松，2018. 低氘水生物学效应的研究进展 [J]. 上海交通大学学报（医学版），38（04）：467-471.

徐志红，张舒羽，潘璐，等，2017. 低氘水在生物医学领域研究进展 [J]. 化工时刊，31（10）：34-38.

戚冰雪，李子宜，丛峰松，2017. 低氘水对人肺癌细胞 A549 增殖和分化的影响及机制 [J]. 山东医药，57（06）：1-4.

英子，2015. 超轻水：科技发展新产品 [J]. 中国质量万里行，11：86-87.

陈淼，刘光甫，陈楚言，等，2015. 低氘水抗肿瘤作用的研究进展及其可能机制 [J]. 中国医药导报，12（04）：155-158，169.

李颖，2014.“神水”疑惑天价“超轻水”真能治疗癌症吗 [J]. 中国质量万里行，8：8–11.

张力，张瀚彬，陈淼，等，2014. 低氘水抑制宫颈癌 Hela 细胞增殖和侵袭能力的研究 [J]. 中国医药导报，11（09）：20–25.

王坤，祝葆华，王宏强，等，2013. 低氘水对肝癌 HepG2 细胞增殖和侵袭能力的抑制作用 [J]. 广东医学院学报，31（03）：241–244.

路娇扬，王双，2013. 低氘水的医学研究进展 [J]. 中国动脉硬化杂志，21（06）：573–576.

张亚茹，沈才洪，郑有丽，等，2013. 低氘白酒对人肺腺癌细胞的抑制作用 [J]. 食品科学，34（11）：278–284.

罗玲，沈才洪，沈才萍，等，2013. 低氘水对大曲的影响 [J]. 酿酒科技，8：58–61.

张亚茹，吴晟，姜银凤，等，2012. 低氘水对皮肤成纤维细胞及黑色素瘤细胞的影响 [J]. 天然产物研究与开发，24（S1）：96–100.

王宏强，刘聪，方唯意，等，2012. 低氘水抗肿瘤作用的研究进展 [J]. 南方医科大学学报，32（10）：1454–1456，1460.

王宏强，祝葆华，刘聪，等，2012. 低氘水可选择性抑制鼻咽癌细胞增殖 [J]. 南方医科大学学报，32（10）：1394–1399.

芷葳，2012. 饮用低氘水，走出亚健康 [J]. 沪港经济，9：61.

类春燕，沈才洪，卢中明，等，2011. 低氘白酒对实验性高脂血症大鼠凝血及纤溶系统的影响 [J]. 中国动脉硬化杂志，19（10）：819–824.

张丽雅，秦川江，陈大昌，2011. 同位素水精馏非稳态过程制备低氘水的研究与应用 [J]. 化学世界，52（02）：77–79，112.

周振宇，沈才洪，卢中明，等，2010. 低氘白酒对糖尿病大鼠糖代谢和胰岛细胞及其功能的影响 [J]. 上海交通大学学报（医学版），30（10）：1204–1207.

连璐，丛峰松，蔡东联，等，2010. 低氘水对小鼠免疫调节作用的研究 [J]. 氨基酸和生物资源，32（03）：59–62.

连璐，丛峰松，蔡东联，等，2010. 低氘水对小鼠免疫调节作用的研究 [J]. 医学研究杂志，39（08）：72–75.

王洁，丛峰松，蔡东联，等，2010. 低氘水对 D– 半乳糖致衰老模型小鼠抗氧化能力的影响 [J]. 武警医学，21（05）：404–406，410.

丛峰松，张亚茹，王菊勇，等，2009. 低氘水对肺癌细胞增殖的抑制作用及其可能的机制 [J]. 中国肿瘤生物治疗杂志，16（05）：484–489.

张丽雅，孔卓，陈大昌，2009. 低氘水的制备与应用 [J]. 化学世界，50（12）：748–750，765.

中文学位论文

焦敏，2019. 新疆地产天然低氘水抗肿瘤辅助作用及机制的初步研究 [D]. 乌鲁木齐：新疆医科大学 .

戚冰雪，2017. 低氘水对人 A549 肺腺癌细胞增殖的抑制及其分子机制的初步探究 [D]. 上海：上海交通大学 .

夏红蕾，2015. 低氘水对人非小细胞肺癌细胞 A549 生长抑制作用及其相关机制的初步研究 [D]. 上海：上海交通大学 .

王宏强，2013. 低氘水对人肺癌 A549 和 A549/DDP 细胞增殖抑制及其相关 miRNAs 功能初步分析 [D]. 衡阳：南华大学 .

周振宇，2011. 低氘白酒降血糖作用的原理研究 [D]. 上海：上海交通大学 .

连璐，2010. 低氘水对小鼠免疫调节作用的研究 [D]. 上海：第二军医大学 .

王洁，2010. 低氘水对 D– 半乳糖致衰老模型小鼠抗氧化作用的研究 [D]. 上海：第二军医大学 .

中文会议论文

刘严，肖斌，李猷，等，2014. 低氘水对免疫功能作用的研究 [C]. 中国核学会核化学与放射化学分会 . 第十二届全国放射性药物与标记化合物学术交流会论文摘要汇编 [C]. 中国核学会，3.

英文期刊论文

Yaglova N V, Obernikhin S S, Timokhina E P, et al, 2021. Response of Pituitary-Thyroid Axis to a Short-Term Shift in Deuterium Content in the Body[J]. Bulletion of Experimental Blology and Medicine, 171(2): 262-264.

Kozin S, Skrebitsky V, Kondratenko R, et al, 2021. Electrophysiological Activity and Survival Rate of Rats Nervous Tissue Cells Depends on D/H Isotopic Composition of Medium[J]. Molecules, 26(7). DOI: 10.3390/molecules26072036.

Stephant A, Wadhwa M, Hervig R, et al, 2021. A deuterium-poor water reservoir in the asteroid 4 Vesta and the inner solar system[J]. Geochimica et Cosmochimica Acta, 297: 203-219.

Boros L G, Somlyal I, Kovacs B Z, et al, 2021. Deuterium Depletion Inhibits Cell Proliferation, RNA and Nuclear Membrane Turnover to Enhance Survival in Pancreatic Cancer[J]. Cancer Control, 28. DOI: 10.1177/1073274821999655.

Ninham B W, Bolotskova P N, Gudkov S V, et al, 2020. Formation of Water-Free Cavity in the Process of Nafion Swelling in a Cell of Limited Volume; Effect of Polymer Fibers Unwinding[J]. Polymers, 12(12). DOI: 10.3390/polym12122888.

Zlatskly I, Pleteneva T, Skripnikov A, et al, 2020. Dependence of Biocatalysis on D/H Ratio: Possible Fundamental Differences for High-Level Biological Taxons[J]. Molecules, 28(18). DOI: 10.3390/molecules25184173.

Basov A, Drobotenko M, Svidlov A, et al, 2020. Inequality in the Frequency of the Open States Occurrence Depends on Single(2)H/H-1 Replacement in DNA[J]. Molecules, 25(16). DOI: 10.3390/molecules25163753.

Yaglova N V, Obernikhin S S, Yaglov V V, et al, 2020. Time-dependent effect of deuterium depletion on tumor growth and metastasis[J]. Russian Open Medical Journal, 9(2). DOI: 10.15275/rusomj.2020.0210.

Uspenskaya E V, Pleteneva T V, Syroeshkin A V, et al, 2020. Role of stable hydrogen isotope variations in water for drug dissolution managing[J]. Curren Issues in Pharmacy and Medical Sciences, 33(2): 94-101.

Bunkin N F, Kozlov V A, Kiryanova M S, et al. 2020. Rheological effects of polymer membrane swelling in water and their dependence on isotopic composition[J]. Physics of Wave Phenomena, 28(2): 182-186.

Galbacs G, Keri A, Kalomista I, et al, 2020. Deuterium analysis by inductively coupled plasma mass spectrometry using polyatomic species: An experimental study supported by plasma chemistry modeling[J]. Analytica Chimica Acta, 1104: 28-37.

Somlyai G, Somlyai I, Forizs I, et al, 2020. Effect of Systemic Subnormal Deuterium Level on Metabolic Syndrome Related and other Blood Parameters in Humans: A Preliminary Study[J]. Molecules, 25(6). DOI: 10.3390/molecules25061376.

Gaponov N V, Svistunov S V, Bondarenko N N, et al, 2020. Effect of deuterium water on blood values and digestibility of nutrients of rhesus macaque[J]. Bulletin the National Academy of Sciences of the Republic of Kazakhstan,

2(384): 22-28.

Wu Y F, Qin D Y, Yang H L, et al, 2020. Neuroprotective Effects of Deuterium-Depleted Water (DDW) Against H_2O_2-Induced Oxidative Stress in Differentiated PC12 Cells Through the PI3K/Akt Signaling Pathway[J]. Neurochemical Research, 45(5): 1034-1044.

Fatemi F, Golbodagh A, Hojihosseini R, et al, 2020. Anti-inflammatory effects of deuterium-depleted water plus rosa damascena mill. essential oil via cyclooxygenase-2 pathway in rats[J]. Turkish Journal of Pharmaceutical Sciences, 17(1): 99-107.

Halenova T, Zlatskly I, Syroeshkin A, et al, 2020. Deuterium-depleted water as adjuvant therapeutic agent for treatment of diet-induced obesity in rats[J]. Molecules, 25(1). DOI: 10.3390/molecules25010023.

Kleemann J, Reichenbach G, Zoeller N, et al, 2020. Heavy water affects vital parameters of human melanoma cells in vitro[J]. Cancer Management and Research, 12: 1199-1209.

Zhang X, Gaetani M, Chernobrovkin A, et al, 2019. Anticancer effect of deuterium depleted water-redox disbalance leads to oxidative stress[J]. Molecular & cellular proteomics: MCP, 18(12): 2373-2387.

Syroeshkin A, Pleteneva T, Uspenskaya E, et al, 2019. D/H control of chemical kinetics in water solutions under low deuterium concentrations[J]. Chemical Engineering Journal, 377(SI). DOI: 10.1016/j.cej.2018.08.213

Yavari K, Kooshesh L, 2019. Deuterium depleted water inhibits the proliferation of human mcf7 breast cancer cell lines by inducing cell cycle arrest[J]. Nutrition and Cancer-an International Journal, 71(6): 1019-1029.

Basov A, Fedulova L, Baryshev M, et al. 2019. Deuterium-depleted water influence on the isotope h-2/h-1 regulation in body and individual adaptation[J]. Nutrients, 11(8). DOI: 10.3390/nu11081903.

Shikhlyarova A, Zhukova G, Dzhimak S S, et al，2019. Influence of deuterium-depleted water as a nutritive factor on the effectiveness of experimental chemotherapy in aging rats[J]. Journal of Clinical Oncology, 37(15). DOI: 10.1200/JCO.2019.37.15_suppl.e14683.

Dehelean A, Cristea G, Balazs Z, et al，2019. Macro- and microelemental distribution in phaseolus vulgaris L. tissue irrigated with water with varying isotopic compositions[J]. Analyical Letters, 52(1): 111-126.

Fedulova L V, Basov A A, Vasilevskaya E R, et al. 2019. Gender difference response of male and female immunodeficiency rats treated with tissue-specific biomolecules[J]. Current Pharmaceutical Biotechnology, 20(3): 245-253.

Rasooli A, Fatemi F, Hajihosseini R, et al，2019. Synergistic effects of deuterium depleted water and Mentha longifolia L. essential oils on sepsis-induced liver injuries through regulation of cyclooxygenase-2[J]. Pharmaceutical Biology, 57(1): 125-132.

Fedulova L, Elkina A, Vasilevskaya E, et al，2018. Identification of tissue-specific proteins of immunocompetent organs of Sus scrofa isolated in deuterium depleted medium[J]. Medical Science, 22(94): 509-513.

Petrus-Vancea A，2018. Cell ultrastructure and chlorophyll pigments in hyperhydric and non-hyperhydric Beta vulgaris var. Conditiva plantlets, treated with deuterium depleted water[J]. Plant Cell Tissue and Organ Culture, 135(1): 13-21.

Chira S, Raduly L, Braicu C, et al，2018. Premature senescence activation in DLD-1 colorectal cancer cells through adjuvant therapy to induce a miRNA profile modulating cellular death[J]. Experimental and Therapeutic Medicine,

16(2): 1241-1249.

Dzhimak S S, Shikhliarova I, Zhukova G V, et al，2018. Some systemic effects of deuterium depleted water on presenile female rats[J]. Jundishapur Journal of Natural Pharmaceutical Products, 13(3): e83494.

Sergeevich D S, Alexandrovich B A, Anatolyevna E A, et al，2018. Influence of deuterium-depleted water on hepatorenal toxicity[J]. Jundishapur Journal of Natural Pharmaceutical Products, 13(2): e69557.

Lajos R, Braicu C, Jurj A, et al，2018. A miRNAs profile evolution of triple negative breast cancer cells in the presence of a possible adjuvant therapy and senescence inducer[J]. Journal of Buon, 23(3): 692-705.

Hassanzade A, Mandegary A, Sharif E, et al，2018. Cyclooxygenase inhibitors combined with deuterium-enriched water augment cytotoxicity in A549 lung cancer cell line via activation of apoptosis and MAPK pathways[J]. Iranian Journal of Basic Medical Sciences, 21(5): 508-516.

Piani L, Yurimoto H, Remusat L，2018. A dual origin for water in carbonaceous asteroids revealed by CM chondrites[J]. Nature Astronomy, 2(4): 317-323.

Uspenskaya E V, Anfimova E V, Syroeshkin A V, et al，2018. Kinetics of active pharmaceutical ingredient solubility in water with different hydrogen isotopic content[J]. India Journal of Pharmaceutical Sciences, 80(2): 318-324.

Tuzuner B A, Yarat A，2018. Is it possible to prepare deuterium depleted water at home?[J]. Clinical and Experimental Health Sciences, 8(4): 226-227.

Syroeshkin A V, Antipova N V, Zlatska A V, et al，2018. The effect of the deuterium depleted water on the biological activity of the eukaryotic cells[J]. Journal of Trace Elements in Medicine and Biology, 50: 629-633.

Nacu G, Boisteanu P C, Pop L M, et al，2018. Research regarding the effect of deuterium depleted water from diluent in sows'fecundity[J]. Scientific

Papers-Series D-Animal Science, 61(1): 149-153.

Zlatskiy I A, Zlatska A V, Antipova N V, et al, 2018. Effect of deuterium on the morpho-functional characteristics of normal and cancer cells in vitro[J]. Trace Elements and Electrolytes. 35(4): 211-214.

Mazalan E, Chaudhary K, Haider Z, et al, 2018. Determination of calcium to phosphate elemental ratio in natural hydroxypatite using LIBS[J]. International Laser Technology and Optics Symposium (Ilatos 2017), 1027. DOI: 10.1088/1742-6596/1027/1/012013.

Goncharuk V V, Pleteneva T V, Grebennikova T V, et al, 2018. Determination of Biological Activity of Water Having a Different Isotope Ratio of Protium and Deuterium[J]. Journal of Water Chemistry and Technology, 40(1): 27-34.

Petrus-Vancea A, Cachita-Cosma D, 2017. Deuterium depleted water to improve Drosera and Cymbidium in vitro conservation[J]. Romanian Biotechnological Letters, 22(6): 13145-13154.

Goncharuk V V, Syroeshkin A V, Pleteneva T V, et al, 2017. On the possibility of chiral structure-density submillimeter inhomogeneities existing in water[J]. Journal of Water Chemistry and Technology, 39(6): 319-324.

Bunkin N F, Lyakhov G A, Kozlov V A, et al, 2017. Time dependence of the luminescence from a polymer membrane swollen in water: Concentration and isotopic effects[J]. Physics of Wave Phenomena, 25(4): 259-271.

Antipova N, Syroeshkin A, 2017. The effect of deuterium depleted water on apoptosis and growth rate of cancer cells[J]. Febs Journal, 284: 288.

Kit O I, Shikhliarova A I, Zhukova, G V, et al, 2017. Relation of antistress and geroprotective effects of deuterium depleted water in aging female rats[J]. Cardiometry. DOI: 10.12710/cardiometry.2017.10.3542.

Tanase C, Oroian S, Cosarca S L, 2016. Wastes from forestry and energy industries as potential bioregulators in soybean (glycine max L.) plants[J]. Cellulose Chemistry and Technology, 50(5-6): 529-534.

Rehakova R, Klimentova J, Cebova M, et al, 2016. The effect of deuterium-depleted water on NO/ROS balance in the heart[J]. Acta Physiologica, 217: 41.

Agarwal A K, 2016. Improved recovery in H_2S-H_2O exchange process for increasing heavy water production[J]. Current Science, 110(10): 1910-1915.

Boros L G, D'Agostino D P, Katz H E, et al, 2016. Submolecular regulation of cell transformation by deuterium depleting water exchange reactions in the tricarboxylic acid substrate cycle[J]. Medical Hypotheses, 87: 69-74.

Rehakova R, Klimentova J, Cebova M, et al, 2016. Effect of Deuterium-Depleted Water on Selected Cardiometabolic Parameters in Fructose-Treated Rats[J]. Physiological Research, 65: S401-S407.

Tanase C, Boz I, Popa V I, 2016. Histo-anatomic aspects on *Zea Mays* L. influenced by spruce bark polyphenolic extract[J]. Romanian Biotechnological Letters, 21(1): 11238-11245.

Rasooli A, Fatemi F, Akbarzadeh K, et al, 2016. Synergistic protective activity of deuterium depleted water (ddw) and satureja rechingeri essential oil on hepatic oxidative injuries induced by acetaminophen in rats[J]. Journal of Essential Oil Bearing Plants, 19(5): 1086-1101.

Dzhimak S S, Basov A A, Baryshev M G., 2015. Content of deuterium in biological fluids and organs: Influence of deuterium depleted water on D/H gradient and the process of adaptation[J]. Doklady Biochmistry and Biophysics, 465(1): 370-373.

Tanase C, Bara C I, Popa V I, 2015. Cytogentical effect of some polyphenol compounds separated from industrial by-products on maize (*Zea Mays* L.) plants[J]. Cellulose Chemistry and Technology, 49(9-10): 799-805.

Hughes C R, Pelaez O, Schubring D, et al，2015. Modification of SCWR assembly designs with coupled MCNP5/SCA Methods to promote safer operation[J]. Nuclear Technology, 190(3): 292-300.

Talmaciu A I, Volf I, Popa V I，2015. Supercrotocal fluids and ultrasound assisted extractions applied to spruce bark conversion[J]. Environmental Engineering and Management Journal, 14(3): 615-623.

Strekalova T, Evans M, Chernopiatko A, et al，2015. Deuterium content of water increases depression susceptibility: The potential role of a serotonin-related mechanism[J]. Behavioural Brain Research, 277: 237-244.

Mladin C, Ciobica A, Lefter R, et al，2014. Deuterium-depleted water has stimulating effects on long-term memory in rats[J]. Neuroscience Letters, 583: 154-158.

Tanase C, Boz I, Stingu A, et al，2014. Physiological and biochemical responses induced by spruce bark aqueous extract and deuterium depleted water with synergistic action in sunflower (Helianthus annuus L.) plants[J]. Industrial Crops and Products, 60: 160-167.

Luo Y H, Hu H Y, Huang Z X, et al, 2014. Characteristics of EPS Materials and the Application in Road and Bridge Projects[J]. Advances in Civil and Structural Engineering III, 501-504: 1418.

Soleyman-Jahi S, Zendehdel K, Akbarzadeh K, et al，2014. In vitro assessment of antineoplastic effects of deuterium depleted water[J]. Asian Journal of Cancer Prevention, 15(5): 2179-2183.

Mladin C, Ciobica A, Lefter R, et al，2014. Deuterium depletion induces anxiolytic-like effects in rats[J]. Archives of Biological Sciences, 66(2): 947-953.

Artsybasheva O, Barysheva E, Shashkov D, et al，2014. Changes of oxidation during use the food diet with deuterium depleted water in laboratory animals with purulent inflammation[J]. Russian Open Medical Journal, 3: 0201. DOI: 10.15275/rusomj.2014.0201.

Mladin C, Popescu A, Stefanescu I, et al, 2013. Deuterium depleted water-new studies about isotopic distillation obtaining process[J]. Asian Journal of Chemistry, 25(14): 7976-7978.

Petrus-Vancea A, Cachita-Cosma D, 2013. New methods in vitroplantlets acclimatization[J]. Romanian Biotechnological Letters, 18(5): 8689-866.

Tanase C, Volf I, Vintu S, et al, 2013. Potential applications of wastes from energy and forestry industry in plant tissue culture[J]. Cellulose Chemistry and Technology, 47(7-8): 553-563.

Wang H Q, Zhu B H, He Z W, et al, 2013. Deuterium-depleted water (DDW) inhibits the proliferation and migration of nasopharyngeal carcinoma cells in vitro[J]. Biomedicine & Pharmacotherapy, 67(6): 489-496.

Goncharuk V V, Kavitskaya A A, Romanyukina I Y, et al, 2013. Revealing water's secrets: deuterium depleted water[J]. Chemistry Central Journal, 7. DOI: 10.1186/1752-153X-7-103.

Tanase C, Volf I, Popa V I, 2013. Assessment of synergic regulatory actions of spruce bark extract and deuterium depleted water on maize (*Zea Mays* L.) crops[J]. Environmental Engineering and Management Journal, 12(6): 1287-1294.

Gyoengyi Z, Budan F, Szabo I, et al, 2013. Deuterium depleted water effects on survival of lung cancer patients and expression of Kras, Bcl2, and Myc genes in mouse lung[J]. Nutrition and Cancer-an International Journal, 65(2): 240-246.

Anghel M, Mladin C, Croitoru C, et al, 2012. Exploitation of the isotopic separation potential of asd production facility[J]. Revista de Chimie, 63(7): 672-677.

Avila D S, Somlyai G, Somlyai I, 2012 Anti-aging effects of deuterium depletion on Mn-induced toxicity in a C. elegans model[J]. Toxicologu Letters, 211(3): 319-324.

Petrus-Vancea A, Cachita-Cosma D, 2011. New methods for preventing the unwanted callusogenesis at sugar beet (Beta vulgaris var. Saccharifera)[J]. Romanian Biotechnological Letters, 16(4): 6354-6363.

Huang F, Meng C G, 2011. Method for the production of deuterium-depleted potable water[J]. Industrial & Engineering Chemistry Research, 50(1): 378-381.

Petru-Vancea A, 2011. New techniques in *Aparagus Officinalis* L. micropropagation[J]. Scientific Papers, UASVM Bucharest, Series A, 431-438.

Stefanescu I, Manolescu N, Titescu G, et al, 2010. Studies concerning DDW use for deuterium depletion in the organism of laboratory animals[J]. Environmental Engineering and Management Journal, 9(11): 1473-1476.

Stefanescu I, Manolescu N, Titescu G, et al, 2010. Assessment of deuterium depletion in Plymouth rock chickens' bodies[J]. Environmental Engineering and Management Journal, 9(11): 1477-1480.

Corneanu G C, Corneanu M, Craciun, C, et al, 2010. The radioprptective effect of deuterium depleted water and polyphenols[J]. Environmental Engineering and Management Journal, 9(11): 1509-1514.

Mirica R E, 2010. Deuterium-Depleted water in cancer therapy[J]. Environmental Engineering and Management Journal, 9(11): 1543-1545.

Cong F S, Zhang Y R, Sheng H C, et al, 2010. Deuterium-depleted water inhibits human lung carcinoma cell growth by apoptosis[J]. Experimental and Therapeutic Medicine, 1(2): 277-283.

Oka Y, Koshizuka S, Ishiwatari Y, et al，2010. Super Light Water Reactors and Super Fast Reactors: Supercritical-Pressure Light Water Cooled Reactors [M]. Springer US：1-651.

Oka Y, Koshizuka S, Ishiwatari Y, et al，2010. Super Light Water Reactors and Super Fast Reactors Supercritical-Pressure Light Water Cooled Reactors Introduction and Overview [M]. Springer US：1-78.

Pop A, Balint E, Manolescu N, et al，2008. The effect of deuterium depleted water administration on serum glycoproteins of cytostatics treated rats[J]. Romanian Biotechnological Letters, 13(6): 74-77.

Krempels K, Somlyai I, Somlyai G，2008. A retrospective evaluation of the effects of deuterium depleted water consumption on 4 patients with brain metastases from lung cancer[J]. Integrative Cancer Therapies, 7(3): 172-181.

Virag V, Varjas T, Gyoengyi Z, et al，2007. The possible role of natural products in the dietotherapy of cancer-related weight loss: an animal model[J]. Acta Alimentaria, 36(3): 249-256.

Tarantola A, Mullis J, Vennemann T, et al，2007. Oxidation of methane at the CH_4/H_2O-(CO_2) transition zone in the external part of the Central Alps, Switzerland: Evidence from stable isotope investigations[J]. Chemical Geology, 237(3-4): 329-357.

Tamaian R, Stefanescu I, Titescu G H，2007. Mass-spectrometry - a method for determining deuterium’s distribution in the body of the mammals under the effect of deuterium’s depleting medium[J]. Journal of Optoelectronics and Advanced Materials, 9(3): 610-612.

Kamei K, Yamaji A, Ishiwatari Y, et al，2006. Fuel and core design of Super

Light Water Reactor with low leakage fuel loading pattern[J]. Journal of Nuclear Science and Technology, 43(2): 129-139.

Marcus I, Sevastre B, Pop A, et al，2006. Investigations concerning the values of some biochemical plasma compounds in Wistar rats grafted IV. With a transplantable tumour (Walker 256 ascitic carcinoma), correlated with the daily deuterium depleted water intake[J]. Bulletin of the University of Agricultural Sciences and Veterinary Medicine, 63: 441.

Savoye S, Michelot J L, Wittebroodt C, 2006. Evaluation of the reversibility of iodide uptake by argillaceous rocks by the radial diffusion method[J]. Padiochimica Acta, 94(9-11): 699-704.

Marcus I, Farcal L, Pop A, et al, 2005. The deuterium-depleted water intake correlated with the values of some haematological, biochemical and gravimetric parameters in NMRI mice inoculated with a transplantable tumor (Ehrlich Ascite)[J]. Bulletin of the University of Agricultural Science and Veterinary Medicine, 62: 172-178.

Pricope F, Stefanescu G, Titescu I, et al，2003. Effect of deuterium-depleted water on reproduction of rainbow trout[J]. Environmental Chemistry Letters, 1(2): 149-151.

Gyongyi Z, Somlyai G，2000. Deuterium depletion can decrease the expression of c-myc Ha-ras and p53 gene in carcinogen-treated mice[J]. In Vivo, 14(3): 437-439.

Kotai L, Lippart J, Kazinczy B, et al，1999. Plant-scale method for the preparation of deuterium-depleted water[J]. Industrial & Engineering Chemistry Research, 38(6): 2425-2427.

Kiss S A, Galbacs Z, Galbacs G，1997. Magnesium ions hinder the growth of coleoptyl in deuterium depleted water[J]. Magnesium: Current Status and

New Developments, 77-80.

Somlyai G, Jancso G, Jakli G, et al，1993. Naturally-occurring deuterium is essential for the normal growth-rate of cells[J]. Febs Letters, 317(1-2): 1-4.

Tamura A, Akasaka K，1992. Quantitative-evaluation of water-content in a solid protein by deuterium NMR[J]. Biochimica et Biophysica Acta, 1119(2): 178-184.

低氘水

附录 2

国内外相关研究机构

国家	机构名称
中国	中国科学院西北生态环境资源研究院
	西北师范大学地理与环境科学学院
	甘肃省绿洲资源环境与可持续发展重点实验室
	第二军医大学长海医院临床营养科
	广东医学院中美肿瘤研究所
	南华大学药物药理研究所
	南方医科大学肿瘤研究所
	上海交通大学生命科学技术学院
美国	约翰霍普金斯大学化学系
	南佛罗里达州大学分子药理学与生理学系
	亚利桑那大学营养科学系
	加利福尼亚州大学洛杉矶分校医学院医学中心儿科
	洛杉矶生物医学研究所
	亚利桑那大学综合癌症中心
俄罗斯	俄罗斯农业科学院戈尔巴托夫全俄研究所
	库班国立农业大学
	库班国立医科大学
	库班国立大学
	俄罗斯人民友谊大学
	人类形态学研究所
	谢米亚金和奥夫钦尼科夫生物有机化学研究所
	俄罗斯科学院南方科学中心
	俄罗斯科学院戈尔巴托夫联邦食品系统科研中心
瑞典	卡罗林斯卡学院医学生物化学和生物物理学系

续表

国家	机构名称
罗马尼亚	奥拉迪亚大学生物系
	雅西医药大学生理学系
	克拉约瓦大学化学系
	拉斯大学化学工程与环境保护学院
	格里戈里波帕医药大学
	国家同位素与分子技术研究开发研究所
	国家低温和同位素技术研究发展研究所
	罗马尼亚雅西学院分部
	布加勒斯特农业与兽医大学
乌克兰	乌克兰国家科学院杜曼斯基胶体和水化学研究所
	乌克兰国家医学科学院国家遗传和再生医学研究所
匈牙利	匈牙利科学院

低氘水

附录 3

国内外主要相关低氘水企业

序号	公司	品牌
中国	新疆雪都冰川水有限公司	雪都冰泉
	西藏水资源有限公司	5100
	格莱雪集团	格莱雪
	昆仑山矿泉水有限公司	昆仑山
	青海聚能活力源饮料有限公司	瀞度
	浙江云端飘雪超轻水科技有限公司	博拉维瓦超轻水、云端飘雪
	江苏奥特泉超轻水饮料有限公司	奥特泉
	帕米尔天泉有限公司	帕米尔
	上海溪露净水科技有限公司	善汲
	山东贡噶冰川水业有限公司	暑九 · 寒天
	深圳市淳品天下实业有限公司	淳品天下
日本	SUPER LIGHT WATER	DDWATER
法国	DANONE	EVIAN
意大利	SAN BENEDETTO MINERAL WATER SPA	SAN BENEDETTO
加拿大	BANFF WATER LTD	OAIKA
	CANADA RED MAPLE INTERNATIONAL GROUP LTD	ICEFIELD
	ESKA INC.	ESKA
	NATURAL GLACIAL WATERS INC.	REDMAPLE
	ROCKY SPRING WATER INC.	ROCKY
	SELKIRK WATER SUPPLY CORPORATION	SELKIRK
	VANCOUVER WATER ENTERPRISES CANADA CO., LTD	FANNYBAY

续表

序号	公司	品牌
俄罗斯	MTK ICEBERG LTD.	LANGWAY
	NARZAN COMPANY	NARZAN
	VIVID WATER SUPPLY INC.	VIVIDI
智利	AGUAS SANTA AMALIA S.A.	ANDES MOUNTAIN WATER
罗马尼亚	MECRO SYSTEM, LTD.	OLARIVIA
捷克	MEDIATERRANEAN TRADING CENTER OY, S.R.O.	FROMIN
匈牙利	HYD LLC FOR CANCER RESEARCH AND DRUG DEVELOPMENT	PREVENTA、VITAQUA
冰岛	ICELANDIC GLACIAL, INC.	ICELANDIC GLACIAL

低気水

附录 4

国际低気水相关会议

国内外低氘水相关会议，主要涉及国内外低氘水产品及低氘水科研方面，相关会议如下：

1. 第一届国际低氘水学术会议

第一届国际低氘水（超轻水）学术会议于 2010 年 5 月 10—11 日在匈牙利首都布达佩斯召开。来自美国、英国、匈牙利、俄罗斯、法国、西班牙、瑞士、德国、日本等多国科研学者进行学术报告。

2. 第二届国际低氘水学术会议

第二届国际低氘水（超轻水）学术会议于 2012 年 5 月 17—18 日在匈牙利首都布达佩斯召开。来自美国、英国、匈牙利、俄罗斯、法国、西班牙、瑞士、德国、日本等多国科研学者进行学术报告。

3. 第三届国际低氘水学术会议

第三届国际低氘水（超轻水）学术会议于 2015 年 5 月 7—8 日在匈牙利首都布达佩斯召开。来自美国、英国、匈牙利、俄罗斯、法国、西班牙、瑞士、德国、日本等多国科研学者进行学术报告。

本次会议学术报告重点是氢在调节化学反应动力学方面的中心作用及其稳定的重同位素氘（D）在调节化学结构蛋白质相互作用和功能方面的重要作用。氘 / 氢（D/H）质量比在同一元素的稳定同位素中是最大的，这导致两种氢同位素之间的化学行为存在巨大的、有时是 10 倍的差异。

4. 第四届国际低氘水学术会议

第四届国际低氘水（超轻水）学术会议于 2019 年 10 月 17—18 日在匈牙利首都布达佩斯召开。来自美国、英国、匈牙利、俄罗斯、法国、西班牙、瑞士、德国、日本等多国科研学者进行学术报告。

本次会议学术报告重点是低氘水对糖尿病、抗衰老、亚健康状态、心血管疾病等方面的重要作用和机制。此外，本次会议也介绍了低氘水在动力学同位素效应、低氘水的生化及作用机制、低氘水在科研和生物临床应用以及低氘水对预防和治疗癌症等方面的最新科研进展。

参考文献

陈淼，刘光甫，陈楚言，等，2015. 低氘水抗肿瘤作用的研究进展及其可能机制 [J]. 中国医药导报 ,12（04）: 155–158，169.

丁永建，2017. 寒区水文导论 [M]. 北京 : 科学出版社 .

段金叶，潘月鹏，付华，等，2006. 饮用水与人体健康关系研究 [J]. 南水北调与水利科技，4（3）: 36–39.

顾慰祖，庞忠和，王全九，等，2011. 同位素水文学 [M]. 北京 : 高等教育出版社 .

姜海宁，谷洪彪，于一雷，等，2015. 瓶装饮用水的水化学，同位素特征及其指示意义 [J]. 地球与环境，43（4）: 403–414.

李培基，米德生，1983. 中国积雪的分布 [J]. 冰川冻土，5（4）: 9–18.

连璐，丛峰松，蔡东联，等，2010. 低氘水对小鼠免疫调节作用的研究 [J]. 氨基酸和生物资源，32（03）: 59–62.

刘时银，姚晓军，郭万钦，等，2015. 基于第二次冰川编目的中国冰川现状 [J]. 地理学报，70（001）: 3–16.

娄春燕，沈才洪，卢中明，等，2011. 低氘白酒对实验性高脂血症大鼠凝血及纤溶系统的影响 [J]. 中国动脉硬化杂志，19（10）: 819–824.

罗安玲，郑有丽，丛峰松，2018. 低氘水生物学效应的研究进展 [J]. 上海交通大学学报（医学版）, 38（04）: 467–471.

秦大河，2017. 冰冻圈科学概论 [M]. 北京 : 科学出版社 .

秦大河，姚檀栋，丁永建，等，2016. 冰冻圈科学辞典 [M]. 北京 : 气象出版社 .

施雅风，2005. 简明中国冰川编目 [M]. 上海 : 上海科学普及出版社 .

宋宣芬，2008. 水与人体健康 [J]. 黑龙江科技信息，20: 198.

夏红蕾，2015. 低氘水对人非小细胞肺癌细胞 A549 生长抑制作用及其相关机制的初步

研究 [D]. 上海：上海交通大学 .

王洁，丛峰松，蔡东联，等，2010. 低氘水对 D- 半乳糖致衰老模型小鼠抗氧化能力的影响 [J]. 武警医学，21（5）: 404–406.

王坤，祝葆华，王宏强，等，2013. 低氘水对肝癌 HepG2 细胞增殖和侵袭能力的抑制作用 [J]. 广东医学院学报，3: 10054057.

王圣杰，张明军，2017. 新疆天山降水稳定同位素的时空特征与影响因素 [J]. 第四纪研究，37（5）: 1119–1130.

伍光和，王乃昂，胡双熙，等，2008. 自然地理学 [M]. 北京 : 高等教育出版社 .

张力，张瀚彬，陈淼，等，2014. 低氘水抑制宫颈癌 Hela 细胞增殖和侵袭能力的研究 [J]. 中国医药导报，11（9）: 2025.

章新平，姚檀栋，刘晶淼，等，2003. 不同时间尺度下的稳定同位素变化 [J]. 冰川冻土，25（04）: 428–432.

章新平，刘晶淼，田立德，等，2004. 亚洲降水中 $\delta^{18}O$ 沿不同水汽输送路径的变化 [J]. 地理学报，59（05）: 699–708.

章新平，施雅风，姚檀栋，1995. 青藏高原东北部降水中 $\delta^{18}O$ 的变化特征 [J]. 中国科学（B 辑）, 25（5）: 540–547.

章新平，姚檀栋，1994. 我国部分地区降水中氧同位素成分与温度和降水量之间的关系 [J]. 冰川冻土，16（01）: 31–40.

张亚茹，吴晟，姜银风，等，2012. 低氘水对皮肤成纤维细胞及黑色素瘤细胞的影响 [J]. 天然产物研究与开发，24（B12）: 96–100.

钟镇涛，黎夏，许晓聪，等，2018. 1992–2010 年中国积雪时空变化分析 [J]. 科学通报，63（25）: 2641–2654.

Ahmed A H, Ptak C P, Fenwick M K, et al, 2013. Dynamics of cleft closure of the GluA2 ligand-binding domain in the presence of full and partial agonists revealed by hydrogen-deuterium exchange[J]. Journal of Biological Chemistry, 288(38): 27658-27666.

Aneta Pop, Emilia Balint, Manolescu N, et al, 2008. The effect of deuterium depleted water administration on serum glycoproteins of cytostatics treated rats[J]. Rom Biotech Lett, 13(6): supplement 74-77.

Arendt A, Bolch T, Cogley J G, et al, 2012. Randolph Glacier Inventory [v1.0]: A Dataset of

Global Glacier Outlines[J]. Global Land Ice Measurements from Space, Boulder Colorado, USA.

Armstrong R L, Brodzik M J, 2001. Recent northern hemisphere snow extent: A comparison of data derived from visible and microwave satellite sensors[J]. Geophysical Research Letters, 28(19): 3673-3676.

Ávila D S, Somlyai G, Somlyai L, et al, 2012. Anti-aging effects of deuterium depletion on Mn-induced toxicity in a C.elegans model[J]. Toxicology Letters, 211(3): 319324.

Bartlit J R, Sherman R H, Stutz R A, et al, 1979. Hydrogen isotope distillation for fusion power reactors[J]. Cryogenics, 19(5): 275-279.

Benson S, Lennard C, Maynard P, et al, 2006. Forensic applications of isotope ratio mass spectrometry-a review[J]. Forensic Science International, 157(1): 1-22.

Beranová L, Humpolíč K J, Sýkora J, et al, 2012. Effect of heavy water on phospholipid membranes: experimental confirmation of molecular dynamics simulations[J]. Physical Chemistry Chemical Physics Pccp, 14(42): 14516-14522.

Bild W, Nastasa W V, Haulica I, et al, 2004. In vivo and in vitro research on the biological effects of deuterium-depleted water:influence of deuterium-depleted water on cultured cell growth[J]. Romanian Journal of Physiology: Physiological Sciences, 41(12): 5367.

Bong Y S, Ryu J S, Lee K S, 2009. Characterizing the origins of bottled water on the South Korean market using chemical and isotopic compositions[J]. Analytica Chimica Acta, 631(2): 189-195.

Bowen G J, Revenaugh J, 2003. Interpolating the isotopic composition of modern meteoric precipitation[J]. Water Resources Research, 39(10): 3178-3184.

Bowen G J, Winter D A, Spero H J, et al, 2005. Stable hydrogen and oxygen isotope ratios of bottled waters of the world[J]. Rapid Communications in Mass Spectrometry, 19(23): 3442-3450.

Bowen G J, Ehleringer J R, Chesson L A, et al 2007. Stable isotope ratios of tap water in the contiguous United States[J]. Water Resources Research, 43(3): 399-407.

Brenčič M, Vreča P, 2006. Identification of sources and production processes of bottled waters by stable hydrogen and oxygen isotope ratios[J]. Rapid Communications in Mass

Spectrometry, 20(21): 3205-3212.

Britzke E R, Loeb S C, Hobson K A, et al, 2009. Using hydrogen isotopes to assign origins of bats in the eastern unite states[J]. Journal of Mammalogy, 90(3): 743-751.

Cai Zhongyin, Tian Lide, Bowen G J, 2018. Spatial-seasonal patterns reveal large-scale atmospheric controls on Asian Monsoon precipitation water isotope ratios[J]. Earth and Planetary Science Letters, 503: 158-169.

Chesson L A, Podlesak D W, Erkkila B R, et al, 2010. Isotopic consequences of consumer food choice: hydrogen and oxygen stable isotope ratios in foods from fast food restaurants versus supermarkets[J]. Food Chemistry, 119(3): 1250-1256.

Dansgaard W, 1953. The abundance of δ^{18}O in atmospheric water and water vapour[J]. Tellus, 5(4): 461-469.

Dansgaard W, 1964. Stable isotopes in precipitation[J]. Tellus, 16(4): 436-468.

Dotsika E, Poutoukis D, Raco B, et al, 2010. Stable isotope composition of Hellenic bottled waters[J]. Journal of Geochemical Exploration, 107(3): 299-304.

Du Mingxia, Zhang Mingjun, Wang Shengjie, et al, 2019a. Stable isotope ratios in tap water of a riverside city in a semi-arid climate: an application to water source determination[J]. Water, 11(7): 1441.

Du Mingxia, Zhang Mingjun, Wang Shengjie, et al, 2019b. Stable isotope reveals tap water source under different water supply modes in the eastern margin of the Qinghai-Tibet Plateau[J]. Water, 11(12): 2578.

Dzhimak S S, Basov A A, Baryshev M G, 2015. Content of Deuterium in Biological Fluids and Organs: Influence of Deuterium Depleted Water on D/H Gradient and the Process of Adaptation[J]. Biochemistry, biophysics and molecular biology, 465(2): 245248.

Ehleringer J R, Bowen G J, Chesson L A, et al, 2008. Hydrogen and oxygen isotope ratios in human hair are related to geography[J]. Proceedings of the National Academy of Sciences, 105(8): 2788-2793.

Gabriel C, Mihaela C, Constantin C, et al, 2010. The radioprotective effect of deuterium depleted water and polyphenols[J]. Environmental Engineering and Management Journal, 9(11): 1509-1514.

Gao Jing, He You, Masson-Delmotte V, et al, 2018. ENSO effects on annual variations of summer precipitation stable isotopes in Lhasa, southern Tibetan Plateau[J]. Journal of Climate, 31(3): 1173-1182.

Godoy J M, Godoy M L D P, Neto A, 2012. Direct determination of δ (D) and δ (^{18}O) in water samples using cavity ring down spectrometry: Application to bottled mineral water[J]. Journal of Geochemical Exploration, 119: 1-5.

Goncharuk V V, Lapshin V B, Burdeinaya T N, et al, 2011. Physicochemical properties and biological activity of the water depleted of heavy isotopes[J]. Journal of Water Chemistry and Technology, 33(1): 8-13.

Guo Rong, Wang Shengjie, Zhang Mingjun, et al, 2019. Stable hydrogen and oxygen isotope characteristics of bottled water in China: a consideration of water source[J]. Water, 11(5): 1065.

Györe I, Somlyai G, 2005. The effect of deuterium depleted drinking water on the performance of sportsmen[J]. Hungarian Review of Sports Medicine,46(1): 27-38.

Gyngyi Z, Somlyai G, 2000. Deuterium depletion can decrease the expression of C-myc Ha-ras and p53 gene in carcinogen-treated mice[J].In vivo (Athens, Greece), 14(3): 437.

Hughes A M, Tolbert B M, Lonberg-H K, et al, 1958. The effect of deuterium oxide on survival of mice with ascites tumor[J]. Biochimica Biophysica Acta, 28(1): 58-61.

Ivanco M, Evans D K, McAlpine R D, et al, 1990. Infrared multiphoton decomposition and the possibilities of laserbased heavy water processes[J]. Spectrochimica Acta Part A: Molecular Spectroscopy, 46(4): 635-642.

Jameel Y, Brewer S, Good S P, et al, 2016. Tap water isotope ratios reflect urban water system structure and dynamics across a semiarid metropolitan area[J]. Water Resources Research, 52: 5891-5910.

Jiang Yong, 2009. China's water scarcity[J]. Environ Manage, 90: 3185-3196.

Kajiyama S, Hasegawa G, Asano M, et al, 2008. Supplementation of hydrogen-rich water improves lipid and glucose metabolism in patients with type 2 diabetes or impaired glucose tolerance[J]. Nutrition Research, 28: 137143.

Kim G E, Shin W J, Ryu J S, et al, 2013. Identification of the origin and water type of various

Korean bottled waters using strontium isotopes[J]. Journal of Geochemical Exploration, 132: 1-5.

Kong Yanlong, Pang Zhonghe, Froehlich K, 2013. Quantifying recycled moisture fraction in precipitation of an arid region using deuterium excess[J]. Tellus B: Chemical and Physical Meteorology, 65(1): 19251.

Krempels k, Somlyai I, Somlyai G, 2008. A retrospective evaluation of the effects of deuterium depleted water consumption on 4 patients with brain metastases from lung cancer[J]. Integrative Cancer Therapies, 7(3): 172-181.

Krempels K, Somlyai I, Huszár M, et al, 2010. A retrospective study to evaluate the effect of deuterium depletion on the survival of metastatic breast cancer patients[C]//Abstracts of 1st International Symposium on Deuterium Depletion. Budapest, Hungary: 2010: 16.

Kreuzer-Martin H W, Jarman K H, 2007. Stable isotope ratios and forensic analysis of microorganisms[J]. Applied and Environmental Microbiology, 73(12): 3896-3908.

Laissue J A, Bally E, DD Joel, et al, 1983. Protection of mice from whole-body gamma radiation by deuteration of drinking water[J]. Radiation Research, 96(1): 59-64.

Laissue J A, Altermatt H J, Bally E, et al, 1987. Protection of mice from whole body gamma irradiation by deuteration of drinking water: Hematologic findings[J]. Experimental Hematology,15(2): 177-180.

Lamprecht J, Schroeter D, Paweletz N, 1991. Derangement of microtubule arrays in interphase and mitotic PtK2 cells treated with deuterium oxide (heavy water)[J]. Journal of Cell Science, 98(4): 463-73.

Landwehr J M, Coplen T B, Stewart D W, 2014. Spatial, seasonal, and source variability in the stable oxygen and hydrogen isotopic composition of tap waters throughout the USA[J]. Hydrological Proc Hydrological Process, 28: 5382-5422.

Lee M W, 1995. Hydrogen isotope separation experience at the savannah river site[J]. Fusion Technology, 27(2T): 95-97.

Lemke P, Ren J, 2007. Observations: changes in snow, ice and frozen ground. fourth assessment report the intergovernmental panel on climate change(Chapter 4)[J]. Paris: The Intergovernmental Panel on Climate Change, 48: 339-378.

Lazar A, Brad S, Vijulie M, et al, 2019. Cryogenic distillation experimental stands for hydrogen isotopes separation[J]. Fusion Engineering and Design, 146: 1998-2001.

Li Zongxing, Gui Juan, Wang Xufeng, et al, 2019. Water resources in inland regions of central Asia: Evidence from stable isotope tracing[J]. Journal of hydrology, 570: 1-16.

Lisicin A B, Barishev M G, Basov A A, et al, 2014. Influence of deuterium depleted water on the organism of laboratory animals in various functional conditions of nonspecific protective systems[J]. Biofizika, 59(4): 757-765.

Liu Jianrong, Song Xianfang, Yuan Guofu, et al, 2014. Stable isotopic compositions of precipitation in China[J]. Tellus, 66(1): 22567.

Liu Jianguo, 2012. Water sustainability for China and beyond[J]. Science, 337: 649-650.

Liu Y, Hao S, Zhao X, et al, 2020. Distribution characteristics and health risk assessment of volatile organic compounds in the groundwater of Lanzhou City, China[J]. Environmental Geochemistry and Health, 42(11): 3609-3622.

Liu Zhongfang, Tian Lide, Chai Xurong, et al, 2008. A model-based determination of spatial variation of precipitation $\delta^{18}O$ over China[J]. Chemical Geology, 249(1): 203-212.

Maussion F, Butenko A, Eis J, et al, 2018. The Open Global Glacier Model (OGGM) v1.0[J]. Geoscientific Model Development Discussions, 1-33.

Mladin C, Ciobica A, Lefter R, et al, 2014. Deuterium-depleted water has stimulating effects on long-term memory in rats[J]. Neuroscience Letters,583: 154-158.

Molnár M, Horváth K, Dankó T, et al, 2012. Effect of reduced deuterium (D) content of drinking water in STZ-induced diabetic rats and in humans with altered glucose metabolism[J]. European Chemical Bulletin, 1(1): 47.

Nishikawa M, Enoeda M, Kotoh K, et al, 1986. Enrichment and volume reduction of tritiated water using electrolysis cell having hydrogen permeable cathode[J]. Journal of Nuclear Science and Technology, 23(10): 905-913.

O'donnell M J, Schmieder R E, Yusuf S, 2012. Urinary sodium excretion and cardiovascular events-reply: Salt, blood pressure and cardiovascular disease[J]. Jama, 307(11): 1138-1139.

Pang Zhonghe, Kong Yanlong, Froehlich K, et al, 2011. Processes affecting isotopes in precipitation of an arid region[J]. Tellus B: Chemical and Physical Meteorology, 63(3): 352-359.

Peng Tsungren, Liang Wenju, Liu Tsangsen, et al, 2015. Assessing the authenticity of commercial deep-sea drinking water by chemical and isotopic approaches[J]. Isotopes in Environmental and Health Studies, 51(2): 322-331.

Qiao Xiaocui, Zheng Binghui, Li Xue, et al, 2021. Influencing factors and health risk assessment of polycyclic aromatic hydrocarbons in groundwater in China[J]. Journal of Hazardous Materials, 402: 1-10.

Radić V, Hock R, 2010. Regional and global volumes of glaciers derived from statistical upscaling of glacier inventory data[J]. Journal of Geophysical Research, 115: F01010.

Rao Zhiguo, Li Yunxia, Zhang Jiawu, et al, 2016. Investigating the long-term palaeoclimatic controls on the δD and δ^{18}O of precipitation during the Holocene in the Indian and East Asian monsoonal regions[J]. Earth-Science Reviews, 159: 292-305.

Robinson D A, 1993. Global snow cover monitoring: an update[J]. Bulletin of the American Meteorological Society, 74(9): 1689-1696.

Romanelli S G, Tulloch R, Withycombe A, et al, 2017. Upgraded analytical gas composition technique in the tritium fuel cycle of JET[J]. Fusion Science and Technology, 71(4): 467-472.

Roumyantsev S A, Osipova E Y, Kozlitina O V, et al, 2012. The effect of DDW on the kinetics of tumor clone in in vitro experiments[J]. EurChem Bull,1(1): 45.

Rowning B A, Wells J, Wu M, et al, 1997. Microtubule-mediated transport of organelles and localization of beta-catenin to the future dorsal side of xenopus eggs[J]. Proceedings of the National Academy of Sciences of the United States of America, 94(4): 1224-1229.

Rozanski K, Araguas-Araguas L, Gonfiantini R, 1993. Isotopic patterns in modern global precipitation[J]. Journal of Geophysical Research Atmospheres, 78: 1-36.

Rozen A M, 1995. The first plant in the world for the production of heavy water by the method of two-temperature water hydrogen sulfide isotopic exchange[J]. Atomic Energy, 78(3): 218-223.

Ruan Jiaoyang, Zhang Hongyu, Cai Zhongyin, et al, 2019. Regional controls on daily to interannual variations of precipitation isotope ratios in Southeast China: implications for paleomonsoon reconstruction[J]. Earth and Planetary Science Letters, 527: 115-794.

Sailer B L, Nastasi A J, Valdez J G, et al. 1997. Differential effects of deuterium oxide on the fluorescence lifetimes and intensities of dyes with different modes of binding to DNA[J]. Journal of the Histochemistry Society, 45(2): 165-75.

Saito M, Takata S, 1996. Automatic stop type SPE tritium enrichment apparatus[J]. Radioisotopes, 45(8): 483-490.

Somlyai G, Laskay G, Berkenyi T, et al, 1998. Naturally occurring deuterium may have a central role in cell signaling[J]. Synthesis and Applications of lsotopically Labelled, 137-141.

Somlyai G, Molnar M, Laskay G, et al, 2010. Biological significance of naturally occurring deuterium: the antitumor effect of deuterium depletion[J]. Orvosi Hetilap, 151(36): 1455-1460.

Stigler F L, Gartlehner G, Sprenger M, 2013. Salt in health and disease-A delicate balance[J]. New England Journal of Medicine, 368(26): 1229-1237.

Strekalova T, Evans M, Cheropiatko A, et al, 2015. Deuterium content of water increases depression susceptibility: the potential role of a serotonin-related mechanism[J]. Behavioural Brain Research, 277: 237-244.

Sun Congjian, Chen Wei, Chen Yaning, et al, 2020. Stable isotopes of atmospheric precipitation and its environmental drivers in the Eastern Chinese Loess Plateau, China[J]. Journal of Hydrology,581(12): 124404.

Tajkhorshid E, Nollert P, Jensen M Ø, et al, 2002. Control of the selectivity of the aquaporin water channel family by global orientational tuning[J]. Science, 296(5567): 525-30.

Tang Y, Pang Hongxi, Zhang Weibin, et al, 2015. Effects of changes in moisture source and the upstream rainout on stable isotopes in precipitation-a case study in Nanjing, eastern China[J]. Hydrology and Earth System Sciences, 19(10): 4293-4306.

Tatyana Strekalova, Matthew Evans, Anton Chernopiatko, et al, 2015. Deuterium content of water increases depression susceptibility: The potential role of a serotonin-related mechanism[J]. Behavioural Brain Research, 277: 237-244.

Terzer S, Wassenaar L I, Araguás-Araguás L J, et al, 2013. Global isoscapes for $\delta^{18}O$ and $\delta^{2}H$ in precipitation: Improved prediction using regionalized climatic regression models[J].

Hydrology and Earth System Sciences Discussions, 10(6): 7351-7393.

Thompson A H, Chesson L A, Podlesak D W, et al, 2010. Stable isotope analysis of modern human hair collected from Asia (China, India, Mongolia, and Pakistan)[J]. American Journal of Physical Anthropology, 141(3): 440-451.

Tian Lide, Yao Tandong, Macclune K, et al, 2007. Stable isotopic variations in west China: A consideration of moisture sources[J]. Journal of Geophysical Research Atmospheres, 112(D10): D10112.

Turusov V S, siniak Iu E, Grigor'ev A I, et al, 2005. Low-deuterium water effect on transplantable tumors[J]. Voprosy Onkologii, 51(1): 99-102.

Tyrysov V S, siniak I E, Antoshina E E, et al, 2006. The effect of preliminary administration of water with reduced deuterium content on the growth of transplantable tumors in mice[J]. Integrative Cancer Biotherapy, 16(5): 484-489.

Wang Hongqiang, Zhu Baohua, He Zhiwei, et al, 2013. Deuterium-depleted water (DDW) inhibits the proliferation and migration of nasopharyngeal carcinoma cells in vitro[J]. Biomed Pharmacother, 67(6): 489-496.

Wang Shengjie, Zhang Mingjun, Bowen G J, et al, 2018. Water source signatures in the spatial and seasonal isotope variation of Chinese tap waters[J]. Water Resources Research, 54(11): 9131-9143.

Wang Shengjie, Jiao Rong, Zhang Mingjun, et al, 2021. Changes in below-cloud evaporation affect precipitation isotopes during five decades of warming across China[J]. Journal of Geophysical Research: Atmospheres, 126(7): e2020JD033075.

Wang Shengjie, Zhang Mingjun, Jagoda Crawford, et al, 2017. The effect of moisture source and synoptic conditions on precipitation isotopes in arid central Asia[J]. Journal of Geophysical Research: Atmospheres, 122(5): 2667-2682.

Wang Shengjie, Zhang Mingjun, Che Yanjun, et al, 2016. Contribution of recycled moisture to precipitation in oases of arid central Asia: a stable isotope approach[J]. Water Resources Research, 52(4): 3246-3257.

West A G, February E C, Bowen G J, 2014. Spatial analysis of hydrogen and oxygen stable isotopes ("isoscapes") in ground water and tap water across South Africa[J]. Journal of

Geochemical Exploration, 145: 213-222.

Xu Chenxi, Zhao Qingyu, An Weiling, et al, 2021. Tree-ring oxygen isotope across monsoon Asia: Common signal and local influence[J]. Quaternary Science Reviews, 269: 107156.

Yao Tandong, Masson-Delmotte V, Gao Jing, et al, 2013. A review of climatic controls on $\delta^{18}O$ in precipitation over the Tibetan Plateau: Observations and simulations[J]. Reviews of Geophysics, 51(4): 525-548.

Yu Wusheng, Yao Tandong, Thompson L G, et al, 2021. Temperature signals of ice core and speleothem isotopic records from Asian monsoon region as indicated by precipitation $\delta^{18}O$[J]. Earth and Planetary Science Letters, 554: 116665.

Zhao Sihan, Hu Hongchang, Tian Fuqing, et al, 2017. Divergence of stable isotopes in tap water across China[J]. Scientific Reports, 7: 43653.

Zhang Mingjun, Wang Shengjie, 2016. A review of precipitation isotope studies in China: basic pattern and hydrological process[J]. Journal of Geographical Sciences, 26(7): 921-938.

Zhang Yong, Enomoto H, Ohata T, et al, 2016. Projections of glacier change in the Altai Mountains under twenty-first century climate scenarios[J]. Climate Dynamics, 47(9-10): 2935-2953.

Zhou Hui, Zhang Xinping, Yao Tianci, et al, 2019. Variation of $\delta^{18}O$ in precipitation and its response to upstream atmospheric convection and rainout: A case study of Changsha station, south-central China[J]. Science of the Total Environment, 659: 1199-1208.